职场人都得看

播放50亿次，自然就有它的道理，看8遍电视剧，还要看一遍本书

甄嬛

苏瑾 著

江苏人民出版社

图书在版编目（CIP）数据

职场人都得看甄嬛 / 苏瑾著 . -- 南京：江苏人民出版社，2015.2
ISBN 978-7-214-15049-3

Ⅰ . ①职… Ⅱ . ①苏… Ⅲ . ①成功心理—通俗读物 Ⅳ . ① B848.4-49

中国版本图书馆 CIP 数据核字（2015）第 039910 号

书 　 名	职场人都得看甄嬛
著 　 者	苏 　 瑾
责 任 编 辑	朱 　 超 　 石 　 路
装 帧 设 计	胡椒设计
版 式 设 计	张文艺
出 版 发 行	凤凰出版传媒股份有限公司
	江苏人民出版社
出版社地址	南京市湖南路1号A楼，邮编：210009
出版社网址	http://www.jspph.com
	http://jsrmcbs.tmall.com
经 　 销	凤凰出版传媒股份有限公司
印 　 刷	北京中印联印务有限公司
开 　 本	718毫米×1000毫米 1/16
印 　 张	14.5
字 　 数	215千字
版 　 次	2015年9月第1版 　 2015年9月第1次印刷
标 准 书 号	ISBN 978-7-214-15049-3
定 　 价	35.00元

|目录|

第三章　不要腹黑，要智慧
　　　　——《甄嬛传》里的职场竞争微教材

第六章 把痛苦说够，把利益说透
——《甄嬛传》里的说服技巧

第七章 且听风吟，唯愿内心清风朗月
——《甄嬛传》里的心灵修养术

职场就是后宫，人人都是甄嬛

为什么宫斗剧那么多，偏偏《甄嬛传》火了呢？且经久不衰，冲出亚洲，走向世界。

这是因为，《甄嬛传》既立足于现实，又立志于崇高的梦想，且在现实和梦想之间搭起一座人人触手可及、最靠谱最神奇的通天云梯。

如果说，"每个人都是包法利夫人"是文艺，那么，"职场是后宫"就是现实，"每个人都是甄嬛"，就是最好的、唯一的出路！

人人身边都有一个"雍正"

人人身边都有一个"雍正"。他就是你的大老板，他掌握着你所在企业的全部资源。他霸道多疑不容忤逆，他的地盘他做主，他的公司他当家。你做得再好，他若看不到你的好，那也是不好。如果他心里没数，那谁再有数都不算数。后宫中女人的前程与恩宠，都缱绻在皇上的枕榻上；而职场中员工的前途和命运，都赫然写在老板的绩效排行榜上。

宫里的女人们都在想方设法争夺皇上那点儿雨露，职场的同事们都在千方百计争取老板那点儿器重。谁入了老板的法眼、谁动了老板的心眼，谁就能升职加薪。所以，你不能不稀罕他那点"恩宠"，除非你不想上位，只想像宁嫔叶澜依那样整天只想混天聊日。

所以，你要奋斗，你要图强，你要吸引"皇上"，让他见识你的能力、魅力，以及功力。

你就是甄嬛！

人人身边都有一个"华妃"

人人身边都有一个"华妃"，他是你们公司某个高层领导的关系户，他有可能是个"大人物"，比如副总办公室的主人，财务室那个拿红印章的，或者某分公司的老大。也有可能是"小人物"，小到令你不屑，诸如门卫、保安、前台、打字员，或者保洁阿姨之流。但无论他干啥，职务在那里搁着。他可能貌不如你技不如你能力不如你脑子不如你，可是人家绝对拼得起，即使拼不起爷爷拼不起爹，也绝对拼得起哥哥。

这样的人，你绝对惹不起，惹得起你也伤不起。

所以，你要同情他，他有他的"欢宜香"，你有你的"姣梨妆"；你要忍着他，他有他的"一仗红"，你有你的小玲珑；你要哄着他，他有他的年将军，你有你的曹贵人。他说"贱人，就是矫情"。你说"溃疡烂到一定程度，才可连根挖去"。

除非你有足够的把握扳倒他，否则，你永远不能跟他撕破脸。

你就是甄嬛！

人人身边都有一个"皇后"

从你入职开始，你就把"华妃"当作头号天敌，你见不得他那飞扬跋扈的得瑟样，你受不了他仗势欺人的鬼德行。可是过个一年半载，有一天你突然发现，"华妃"他只是个美貌无脑的关系户，他上头还有"高人"。他和你一样也是"棋子"。和皇后的老谋深算阴险歹毒相比，华妃那点伎俩连毛毛雨都不是。

这个"高人"就是皇后。

人人身边都有个"皇后"。如果你所在的是家大公司，那他就是你的执行经理人，也就是CEO；如果你所在的是家小公司，那他就是你们公司最管事的那位。他是你的"中宫"，他是你的"如来"，他是你的"小主"。

他看起来对你很好，实际上另有筹谋。她菩萨脸膛，蛇蝎心肠。他让你觉得绕树三匝，终于有枝可依，而等你真的飞上枝头，未来及喜上眉梢，他就釜底抽薪，让你一脚踩空无处遁形。

所以，你要依靠他，但不能指望他。你要靠近他，但不能接近他。你要利用他，又不能得罪他。

你就是甄嬛！

人人身边都有几个"安陵容"

人人身边都有几个"安陵容"，他们是欺骗性最强、危害性最大的职场小人。他们笑里藏刀，表面上对你好，背后却插刀子。他们演技出色，善于把野心化为恭敬、把攻击化为赞美、把告密举报化为正直仗义，总能在关键时刻出卖最亲密的人，使自己的利益最大化。他们整人的手段相当隐蔽凌厉，总之，你对他掏心挖肺，他对你狼心狗肺，最后让你撕心裂肺。

所以，你要小心他、提防他，还要配合他、迎合他。

你就是甄嬛！

你说你不想要眼下这复杂纠结的一切，你想逃你想躲你要换工作。可是，变的只是地点，不变的是游戏规则。换个职场，相当于甄嬛从碎玉轩挪到

甘露寺，沈眉庄从咸福宫搬到闲月阁。无非是从这个宫挪到那个宫，始终脱离不了紫禁城。所以，挪窝不是办法，逃避不是出路。你得忍，你得用心，你要变强。

希望你找到自己的生活正能量

当然，我不是教你诈，不是教你黑。鲁迅先生说，一部《红楼梦》，经学家看见易，道学家看见淫，才子看见缠绵，革命家看见排满，流言家看见宫闱秘事。而一部《甄嬛传》，阴暗的人看到的是宫斗和心计，平庸的人看到的是华丽和清欢，阳光的人看到的是励志和保护。的确，《甄嬛传》里有皇上、皇后、华妃和安陵容，他们是阴冷和心计的代言，但也还是有苏培盛大叔、槿汐姑姑、流朱姑娘和小允子弟弟嘛，他们是阳光温暖的化身，是传递正能量的使者。

所以，撰写本书，

我不是教你宫斗，我是教你图强。

我不是要你腹黑，我是要你智慧。

我不是逼你疯魔，我是教你愉悦地存活。

我希望你，

做最好的自己：为人厚道，处世精明；奋发图强，阳光善良；内心强大，人脉宽广。

交最好的朋友：和槿汐姑姑推心置腹，和沈姐姐同甘共苦，和流朱姑娘情同姐妹，和小允子称兄道弟，对苏培盛相敬如宾。至于浣碧，还是省省吧，她和安陵容差不了多少。

传递正能量，"宫里的夜再冷，也不该拿别人的血来暖自己"。职场的路再难行，人生的路再难走，也不能拿自己的人格和良知做铺垫。

好吧，你老牛一样苦干了这些天，倔驴一样执着了这些年，不如听我说一遍职场《甄嬛传》管用。

　　您是现在听呢现在听呢还是现在听呢？快搬个小凳子过来吧，瓜子花生开心果都备齐了，就差您了。

职场就是后宫，人人都是甄嬛

纵使翩若惊鸿，
以色事人终不能长久

——《甄嬛传》里的
情爱哲学

1 愿得一心人，白首不相离

但凡看过《甄嬛传》的人，无论是隔三差五跳着看的，还是从头到尾一集不落的，都能朗朗上口这么一句台词："愿得一心人，白首不相离。"天下女人，共此一梦。甄嬛亦是如此，曾经年少的时候也是这样一心期盼着，当少女时代的她划着一叶扁舟，从荷花深处缓缓而来，清香扑鼻，那时她想着会有这样的一天，会遇到这样一个一心人，与她不期而遇。所以入宫前，她扮演成信女的模样，专程去寺庙许愿："若要嫁人，一定要嫁与这世间最好的男儿，和他结成连理，白首到老。"

而入宫后一个夜黑风高的雪夜，那一张披着斗篷的皎洁面容，是如何的可怜又可爱，她把剪纸的小像挂在梅枝，虔诚地祈祷"愿得一心人，白首不相离"。

再后来对皇上动了情，在养心殿——她老公的办公室内，她和她的四郎一起你侬我侬地畅想。

嬛嬛："那春天的时候，臣妾就能和皇上对着满院的海棠饮酒，臣妾会在梨花满地的时候跳惊鸿舞，夏天的时候和皇上避暑取凉。"

四郎："秋日里朕和你一同酿桂花酒，冬日看飞雪漫天，朕要陪着你，你也要陪着朕。"

嬛嬛："臣妾要永远和皇上在一起。"

……

天长地久的爱情总是美丽动人的，这让人无限憧憬又浪漫的对话，时刻萦绕在浪漫小女人耳畔。这样的夫妻生活样板，被牢牢地刻画在普通大众的心里梦里。

可是，剧情终归是剧情，生活毕竟是生活，梦想是"愿得一心人"，现实是一心人不可得；梦想是"白首不相离"，现实是离婚率蹭蹭蹭往上蹿。

男人和女人，就像自行车的前轮和后轮，永远不可能并肩同行，而只能是保持距离，适度平衡。或许你会说，这千古流传的句子的作者卓文君和她家先生司马相如的爱情不就是很完美吗？那你就是断章取义一知半解了，尽管他们的故事，是一直流传至今的爱情故事里最浪漫的私奔佳话，却并非一直甜蜜蜜，其间的情变、不堪、背叛，并不比你我的日子好过多少。

司马相如是西汉的辞赋家、音乐家。可早年他却是个家贫又不得志的穷小子。而卓文君是大富豪卓王孙的掌上明珠，是个白富美。卓文君当时十七岁，和甄嬛入宫时一般大，据古书载，她"眉色远望如山，脸际常若芙蓉，皮肤柔滑如脂"，又善琴，贯通棋、画，文采亦非凡。文君本来已许配给一位皇室子弟，不料那皇室子弟短命，未待成婚便辞世。卓王孙与时任临邛县令的王吉多有往来，年少孤贫的司马相如，从成都前来拜访同窗好友王吉。王县令在宴请相如时，亦请了卓王孙作陪。后来卓王孙为附庸风雅，请司马相如来家做客。后来，在席间，相如因为一首《凤求凰》，备受文君喜爱，遂二人私订终身。但受到了卓王孙的强烈阻挠，二人只好私奔，后来辗转到了成都。

到成都后，他们的生活相当窘迫，文君就把自己的头饰当了，开了一家酒铺，卓文君亲自当垆卖酒。不久，卓王孙得知女儿的消息，为顾忌情面，只好将相如、文君二人接回临邛。但他们仍安于清贫，自谋生计，在街市上开了一个酒肆。

假如事情到此为止，那也倒真的功德圆满，得了一人心，白首没相离了。可事实偏不如此，这世间，只有变化本身是不变的。

卓文君的私奔，不仅让司马相如财色双收，还给他带来了亨通的官运。因为一首《子虚赋》，被汉武帝招聘到长安，为朝廷服务。

那时男人有才，永远想着建功立业、流芳百世；女子再有才，也不过希望与一个人可以朝朝暮暮到白头。可是，一个女人是不能绊住男人追求功名的脚步的。尽管有万分不舍，司马相如还是走了，去帝都做他的郎官去了。

司马相如久居京城，官场得意，见惯了风月楼高，赏尽了梅艳花娇。才子风流，佳人有意，渐渐地，他淡忘了曾经共患难、情深意笃的卓文君，萌生了纳妾的念头。

文君挂念着相如，总是打发人去探望他的消息，可是，派去的人回来之后支支吾吾。聪明如文君，当然猜出，繁华的京城里，司马相如不可能像她那样独守寂寞，风流韵事自然是免不了的。她心里自然是忧急万分，哀伤不已，于是她给他写了一首《白头吟》：

> 皑如山上雪，皎若云中月。闻君有两意，故来相决绝。今日斗酒会，明旦沟水头，躞蹀御沟上，沟水东西流。凄凄复凄凄，嫁娶不须啼。愿得一心人，白首不相离。竹竿何袅袅，鱼尾何徙徙，男儿重义气，何用钱刀为？

可是，色迷心窍的司马相如只给她回了十三个字：一二三四五六七八九十百千万。

读罢来信，文君泪如雨下，一行字中，唯独少了一个"忆"字，相如的心里，只有对新欢的爱，没有对旧爱的"忆"了。

再后来，也许是机缘巧合吧，老天爷帮了卓文君一把。相如的官场得意，到底也是有人忌妒的，于是，便有人上书，说司马相如出使期间收受贿赂，汉武帝居然相信了，罢免了他的官职。失意的司马相如又回到了成都。自此，官场，少了一份词赋的陪衬，世间，多了一对风流佳偶。

文君，嫣然一笑。

爱情，婚姻，是女人一生的事业，文君赢了。

可她赢得多么牵强啊。多少磨难，多少背叛，多少无奈，才成就这最后的只羡鸳鸯不羡仙？

过日子从来没有空想爱情来得那么纯粹，我想，男人和女人是格格不入的两种生物，女人，总是贪情又专情，相比之下，男人的爱简单又现实。女人不就是自己拿爱情当全世界，还误以为男人也一样，最后自己被自己的想法拗死的生物吗？女人一旦坠入爱河，就巴不得男人甘之如饴地当个爱情奴隶，整天山无棱天地合才敢与君绝地发誓。其实，男人的世界里不仅有女人，他们还有前程、事业、生理需求要顾及呢，哪有时间跟你玩这些？

所以，女人啊，醒醒吧，省省吧。梦想终归是梦想，现实只能是现实。接受现实的残缺，方能触及幸福的真谛。

𝟚 情不知所起，一往而深

爱河里扑腾的男女，总喜欢问这样的问题：你是什么时候爱上我的？

殊不知，这是天下最多此一举的问题。因为这个问题注定无解。

在嬛儿和他相拥的时刻，果郡王也白痴一样深情地问："嬛儿，是什么时候，你对我有了这样的心思？"

甄嬛："或许是在清凉台，或许是在长河边，或许更早。"

总之，嬛嬛说不清。

同样的话，皇上也问过，那是在圆明园避暑的日子，在曹贵人的挑拨下，皇上对甄嬛和他的十七弟之间第一次起了疑心，问他的菀贵人："只是朕想知道，你是何时对朕有情的？"

这次菀贵人倒是说得很详细，她说："臣妾对皇上动心，是在皇上解余氏之困之时，臣妾当时手足无措，虽然这对您来讲只是举手之劳，可在臣妾眼里，皇上是救人于危困的君子。"菀贵人说得头头是道，皇上听得心满意足，可是，这个情商极低的家伙哪里知道当一个女人站在一个男人面前尚能逻辑清晰，那她一定不爱。而能精确掐算出发生时刻的爱情只是伪爱情。

因为爱情的最高境界就是压根儿说不出个所以然，说来就来了，就比如皇上对纯元、果郡王对甄嬛、玉娆对允禧、孟静娴对果郡王等等，不都是糊里糊涂的、固执的、倔强的偏爱吗？

男女之间的爱情，大抵说得出一二三的，就不是纯然的爱情了，而是一种交易。爱情和理性天生是水火不容的，爱是糊涂仙的化身，当你意识到爱的时候，爱已经发生了，那个过程是悄然无声的，那种境界自然是妙不可言的。在允礼心中，也许第一次在圆明园的水边，甄嬛悠然戏水的身姿已经深深地刻在了脑海中，那么的自由自在，就像一个孩子，天真美好。再到后来小舟上的偶遇，一席谈话更是加深了彼此的了解，于是他开始为了这个女人奋不顾身，会一曲《凤凰于飞》配合她美妙的惊鸿舞姿，会不顾众人的非议闯进翊坤宫救出深陷险境的她，会只要她过得好帮她想方设法获得皇兄的青睐。然而他们所期盼的：愿同此约，永结为好，琴瑟在御，岁月静好，也只能如同那些夕颜花，美好的绽放只在一夕之间，短暂到让人来不及去好好欣赏。最后一杯毒酒结束了允礼的生命，正如他说：当我的目光落在你身上的时候，我就知道会有今日。但他宁愿为了这个女人付出所有，无怨无悔，这才是真爱。

假如爱情需要理由，人人都做好了准备为了理由去爱，那人间情场就变得相当庸俗无趣。即便是最势利的人，都受不了这种现实。

我有位做会计的女性朋友，在剩女级别里她是最高级别的——齐天大圣。天生的物质欲望和后天职业素养的熏陶，令她谈恋爱的条件那是相当清楚，不仅有大纲，还有细则，对方 IQ 多少，身高多少，学历几何，房子具体什么位置，父母做什么工作的，身体状况如何，一切等等，在她那里都有硬性规定。她从 18 岁寻觅到 36 岁，还是没有遇到中意的男士。我总说她太势利了，目的性太强，可每次她都对我的调侃表示不屑，说"嫁汉嫁汉，穿衣吃饭"。今年刚开春，人家给她介绍了一位挺有实力的男士，她似乎很满意，于是便兴冲冲约见。结果回来被气个半死，找我抱怨半天。她说此男极其恶心，上来就问她："你父母做什么工作的？将来会不会让我们养老？你父母有没有社保？你的收入怎么样？"更搞笑的是，此男见这场亲相得感觉不好，无果，连顿饭都没请她吃。我揶揄她说："呵呵，你今儿遇见这主比你会计都会算计啊。"

"问这么清楚，有意思吗？真恶俗。"朋友一遍又一遍地痛斥这个不地道男子。这时候我反问她："你也觉出没意思了，是吗？"

是的，爱情是世界上最霸道蛮横不讲理的东西，它由不得你准备和分辨。

罗曼·罗兰说："一个人爱，就因为他爱，用不着多大理由！"

"爱你，是我自己的事。"堂吉诃德倒爽快。

那我更爽快，我说："爱情就是一种感觉，有就是有，没有就是没有。"王尔德童话中的打鱼人为了一尾小人鱼而心甘情愿地用利剪划去自己的灵魂；朱丽叶苦苦追问："罗密欧，你为什么是罗密欧？"杨过苦等十六年却不能与小龙女如约重逢，他疯狂地追着山上的落日跑，荒唐地以为只要日头未落，这一天就没有过去，小龙女就会飘然出现；久木与凛子自知离经叛道的爱一旦到了巅峰便昭示着坠落，情愿以死逃避失乐园的命运。痞子蔡没有一千万没有翅膀没有办法倒出整个太平洋的水，可这都不能让他不爱轻舞飞扬；轻舞飞扬可以倒出整个浴缸的水，只有傻子才相信这是她爱痞子蔡的原因。尽管她确实爱他。

爱一个人，如果他恰好有一千万，那很可能会是一种幸运；如果他恰好没有一千万，那么你会吃惊地在某一天突然发觉自己竟会没来由地这么爱一个人。其间美妙的惊讶，困惑的晕眩，纵有一千万也不一定买得来。

或许，爱一个人根本就是一种沉醉的迷乱，就是一段丧失自我的过程。这个过程痛苦又快乐。当时过境迁，回顾过往时，你会发现，生命中有过那么一回，是多么难能可贵的精神财富和灵魂体验。

爱就爱吧，没有理由，不容回绝。同样，当你不爱一个人的时候，也不要找借口，也不要指望能培养出爱情来，爱情注定不是试管婴儿。你非得逆天硬来，那也只能收获一个怪胎。

3 贪图安全感，只会让你上当受骗

甄嬛到底是旧时代的妇女，还拿男人当饭票、当护法。在找男人这个问题上，她犯了一个低级的庸俗的错误，就是寻求保护和安全感。

皇上问她对他何时用情，她说是在解余氏之困时。这是多么典型的实用主义啊。而同样在回答果郡王这个问题时，她还说："但每每在我最需要你的时候，你永远都在我身边。"果郡王也听得如醉如痴。而在得知允礼的死讯后没多久，她之所以能快速转身又回到皇上的怀抱，其目的性更强，纯属为了获得保护和安全感。

在槿汐建议她嫁与温实初时，她说："我是不会和温实初在一起的，父亲病重，困在宁古塔，甄氏一族没有人来照顾，从前允礼能为我做的，如今都要靠我一人扛起，温实初帮不了我。"

长河边，回宫前，在对允礼摊牌时，她说："我想要的唯有你皇兄可以给我。我父亲的性命，我甄氏一族的活路。"

也许吧，在那个万民皆为皇上的子民的时代，生杀予夺的权力掌握在皇上的嘴里。为了保全家人和自身的安全，她只能委身于他。可是时光荏苒至今，现时代的女性，又有多少人还在犯着这样的低级错误，为了安全感，为了摆脱恐惧而找男人、恋爱、结婚、生子？

据我所知，有百分之九十八的女人是为了摆脱恐惧寻找安全感而结婚的，包括我自己在内。恐惧，怕自己会孤独终老，怕错过生育孩子的最佳年龄，怕错过这村就没有这店，怕年龄大了工作不稳定经济上没有依赖……种种恐惧，让我们想要赶紧抓住一个依靠，找到一个落脚点。这是内在的心理状态，那外在的社会心理环境又是如何呢？现在，电视上铺天盖地的剩男剩女危机感，各式各样的相亲节目，让人们对婚姻的向往，究竟是出于恐惧还是出于爱？日常生活中，女孩子总会收到这样的暗示或者指示："你没有一个人活得很好的能力！"或者是隐晦一点的"干得好不如嫁得好"！如果你今年二十五以上，还没有靠谱的男朋友，你试着打个电话回家给任何一个超过 40 岁的长辈，我敢打赌十句话里面，有超过四句的主题是：赶紧找个男人结婚！总之，这个社会，不管是爸爸妈妈三姑二婶还是同学闺蜜，都在齐声对你说："你没有能力一个人活得很好！没有男人你活不下去！"这样的社会心理暗示再结合你不甚强大的内心，于是，一桩桩安全感胁迫下的畸形婚姻诞生了。

可是，找了男人，有了婚姻，就能拥有安全感吗？

不能。

"很多人想通过婚姻找到一种安全感。可很多离婚的例子，都是因为想要找到安全感，而无法得到安全感。安全感绝对不是来自婚姻，如果你是抱着想要安全感而进入婚姻的话，这个婚姻百分之八十会出问题。因为对方不是一个港口，他不是一个固定的东西，而是一个活着的人，他还会去接触不同的人，他还会在兴趣上改变。所以，你想要在婚姻上得到的东西，你一定要有能力自己给自己，如果不能，这样的婚姻基本上都是失败的。"这是乐嘉的名言。读到这段话时，我觉得很对，说到我心坎里去了，非常符合我的情况。

我是在人生诸多不如意的情形下才想到找人结婚的。25岁的时候，我的人生诸多不如意，各种考试都失败，也找不到如意的工作，各种失意，心理屏弱，身体也跟着不好。漂泊久了，心也倦了，心灰意冷时，只想寻个依靠，哪怕去一个很偏远的城市。于是我遇见了现在的老公。他给我做了一顿饭，我体会到久违的温暖，我觉得他是个靠得住的人，我可以在他身上找到安全感。于是我们恋爱了。

说实话，因为自己底气不足，没有安全感，恋爱中的我们相处得并不快乐，可是因为心里有前途未卜的恐惧，我不敢面对分手，受不起失恋的伤。于是感情就这样半死不活地延续下来。

28岁的时候，为了躲避父母催婚，我没敢回家过春节，但老妈还是打电话过来说："你老大不小了，赶紧结婚吧，你有个依靠，我们也放心。再不结，就成老姑娘了，你一个人在外面老漂着也不是个办法，将来怎么活啊？"于是我就稀里糊涂地结婚了。

当然，婚后好几年我是不快乐的，你要知道，一个没有安全感的人，她会产生很多负面情绪，比如寂寞无助、敏感多疑、自卑自怜、患得患失等等。而这些负面情绪，能摧毁世界上最坚实的婚姻。一个不自信的女人，她不漂亮，还会无事生非，这样的女人没人喜欢。我和先生总是争吵，我的心情和身体都很糟糕。整整三年后，我才意识到自己的问题，并做出了改变。

我不再紧攥着先生的工资卡，我们家务活分工；我找了一份自己喜欢的杂志社的工作，尽管工资低，但很有发展空间。我每天很认真地做自己喜欢的事，采访、写稿、参加笔会、旅行。在单位和同事处得很好，也深得领导赏识，等我被评为发稿量第一的优秀员工时，等我的月薪从两十五涨到一万以上时，等我的文章被各地的读者赞赏打电话过来道谢时，我觉得我的生命是那么有价值，我的天地是那么广阔，我的心里满满的全是安全感，底气十足，我每一天都活在对美好事物的憧憬中，我得到一种前所未有的自信，我甚至体会到女王般的尊贵和自豪。那时候我突然意识到，我用了整整五年的时间和一个男人纠缠，向他索要安全感，除了把他闷得窒息把我自己逼得歇斯底里之外，我一无所获。而当我放下所有对他的依赖和期待，从零开始自己奋斗时，我获得了前所未有的安全感，我濒临死亡的婚姻方才焕发出无限的活力和生机。

现在，综合我自己的人生经验和无数人的婚姻教训，我得出的结论就是：安全感这玩意儿只能自给自足，别人给不了。不该因为恐惧因为缺失安全感而进入婚姻，希望通过婚姻获得的东西，要有本事自己给自己，比如经济的安全感、情感的安全感等。进入婚姻，是因为自己本身就有安全感，且愿意与另外一个人分享并壮大这种安全感。因为爱，所以恋爱，所以结婚，这样的因果关系还是很美好的。假使你把全部的安全感都寄希望于一个男人时，这就为你婚姻的失败埋下了伏笔。

4 你追我赶的游戏，你永远不必绝望

若真能得一心人，白首不相离，自然是好；只是这样浪漫的爱情憧憬，在世事辗转中，最终也会变得平淡无奇。情路上，总是那么多错位，走着走着就散了，连回忆都不见了。常见的爱情形态不是A—B—A，而是A—B—C。所以，失恋就在所难免。即便是彼此相爱的两个人，其爱情深度也是不同的。比如皇上和他的嬛嬛。

我相信皇上是爱甄嬛的，只是深度不同罢了。还记得当年杏花微雨，嬛嬛一曲《杏花天影》，从此伊人倩影，在有心人的心底虽如蜻蜓点水般掠过，涟漪却足以让人难以忘怀。如果说完全没有感情，那日娇梨妆何以风靡京城，还记得四郎为嬛嬛戴上那朵雪白的梨花，嬛嬛满脸的娇羞。谁又能忘记那日嬛嬛生辰，那些漫天纷飞的风筝，还有那过了花期却依然盛开的满池荷花，这一切的一切难道都可以轻易抹掉，或者当作从未发生吗？

所以，嬛嬛爱过四郎，四郎也爱嬛嬛，只是深度不同罢了。

其实，我爱你，你不爱我，或者说我爱你那么深，你爱我这么浅，一点儿都不可怕，因为，世界的游戏规则除了你追我赶，还有一个就是——你丢我捡。

皇上不惜甄嬛的专情，伤了她的心，允她出宫，可是果郡王静静地在长河边等着呢。果郡王深情儒雅，最重要的是始终只爱一人，所以甄嬛的心落在了他那里。皇上不惜的，果郡王视若珍宝，皇上丢掉的，却是果郡王捡到的。这个世界求仁得仁，各得其所，你如此钟爱，上天才会创造机缘给你。

这个世界，价值都是人为的。你不喜欢的衣服款式，别人能穿出万种风情。你丢掉的纸张玻璃瓶，别人回收再创造出新艺术。你丢掉的书籍有人拿过去饶有兴趣地读，你丢掉的男朋友（女朋友）是别人一段情爱关系的新开始。人和物的价值从来没有终结，所谓的终结都会是新的开始。你贬低的东西有人愿意抬高，这是一个"你丢我捡"的游戏场，这是一个因为充满变数与不确定，才显得格外鲜活的生活时空。

读书时，她和他是近乎完美的一对。郎才女貌，她看他千般好，他觉她万般妙。

毕业后，她嫌他赚的钱少，对她管束太多，总是看他不顺眼，后来招呼都没打遂转身投入另一个事业有成的中年男人的怀抱，这个男人是名成功律师，可以给她几乎想要的一切。

想当初放下老爸老妈跟着心上人去外地，却竹篮打水一场空，他觉得自己窝囊透了，于是开始破罐子破摔、翘班、酗酒、K歌。颓废了两个月后，他开始奋斗，他离开那个让他伤心的城市，回到偏远的沂蒙山区，把自己关起来，潜心苦读，他要重拾自己的学者梦，他要考法律硕士。

他成功了，他不仅考到了法律硕士，还一口气儿在国内最好的法律院校读到最高学历，留校任教，成了著名的法学专家。他拥有幸福的家庭，和才貌双全的妻子。

他和她都是我的同学。

那天，她找到我，说丈夫有个案子需要请现在的他帮忙，让我从中安排场饭局。我答应了，吃饭的时候，他带着娇妻隆重出席，那真是郎才女貌啊。

饭毕，她喝得微醺，我送她回酒店，夜深人静，她对我吐露真言："我以为我无所谓啊，可是见到他老婆，我还是酸酸的。"

反正都是姐妹儿，关系不错，我也就有话直说了，我说："你不是放不下那段情，而是受不了他比你过得好，你受不了人家老婆比你更漂亮。"她哭了。

当她趴在我肩上哭时，他现在的老婆也打电话过来，让我转告这姐妹："谢谢她把这么好的老公让给我。"

呵呵，生活，真的比电视剧还精彩。

从漫长的一生来看，生活是非常公平的。从时空的广域上来看，物物都是各得其所。当我们失恋的时候，伤心的时候，我们总是抱怨上天不公，遇人不淑，好景不长，命运多舛，纳闷为什么真心的付出换来无情的辜负，为什么甜蜜的爱情转瞬即逝，可是，如果你坚持走下去，你终会发现，失去的都是该失去的，不值得拥有的。而当你找到另一份幸福以后，你会感悟：原来，我之所以失去曾经拥有的，是因为我值得拥有更多更好的。

此处失去，彼处得到；此时失意，彼时得意。得得失失，忽明忽暗，生活的美妙不就在于此吗？

5 不求一心，但求用心

菀贵人刚开始得宠，碎玉轩内和槿汐主仆俩谈心，讨论自己的梦想：

甄嬛："那天我去倚梅园，其实有三个愿望，但最后一个却没有来得及说出来。"

槿汐："奴婢洗耳恭听呢。"

甄嬛："第三愿，便得一心人，白头不相离。可我这一心人，偏偏是这世间最无法一心的人。"

槿汐："那就退而求其次，不求一心，但求用心。"

我一直认为，在后宫里，甄嬛是活得比较自在的一个，她自在，就是她看透了这一层，接受了这一点。她说："我一早就知道他是皇上，他的夜晚不可能属于我一个人。"所以她很少吃醋，很少失眠。而华妃活得悲催，就是因为她看不透这一层，也不接受这一点。她是后宫中最爱皇帝的女人，因此她不允许别的女人和她分享皇上的宠爱，也不允许皇上爱别的女人。她一心一意对皇上，也企图皇上全心全意待她。这当然是妄想。华妃不认为这是妄想，所以才成了专爱的炮灰。所以，华妃不是败给了甄嬛，而是败给了爱情和男人。

其实，不仅是皇上，世间所有的男子，都无法一生一心一意对一个女人，即便是没有小三没有出轨没有背叛，在男人的生命里，妻子的分量充其量也只能占五分之一，男人自身、孩子、事业、父母、朋友都是男人生命中的重头戏。一个男人不可能整天围着你转。既然一心人不可得，那太阳照常升起，生活还将继续，只能退而求其次：不求一心，但求用心。不必苟求那个男人心里全是你，只要在心里给你留块地就行了。

他是某律师事务所的高级合伙人，十年前，他只是个落魄的求职不顺的农村出来的大学生，父母年迈，还有弟弟妹妹在上学，可以说上有老下有小，家庭负担很重。别的同学都考研参加司法考试，而他为了生计，只能先工作再发展，放弃了本专业，找了一家民办的职业高中当语文老师。

那时候的生活相当艰苦，微薄的工资几乎全都贴补家用，在荒郊野外租了个破平房。但贫寒的出身、拮据的经济状况掩盖不住他非凡的魅力，他毕竟是个学识渊博文采飞扬的年轻男教师，有不少女学生都喜欢他，其中就有他现在的妻子。那时候的她是个朴实善良的女孩，内向，对他非常爱慕，总是默默无闻地关心他，给他做饭、洗衣、买书。一开始的时候他是拒绝的，因为不来电，但女孩很执着，并不要求他做什么，只是对他好。

也许是冲动的代价吧，他们同居了，很快女孩怀孕了。尽管他还是不爱她，可孩子是无辜的，他决定和她结婚。

一开始，他致力于发展，养家糊口，是无暇顾及儿女情长的，妻子把所有的精力和爱都倾注在这个家上，辞了工作，当全职太太，带孩子，让他全心全意投入到工作和进修上面。还有，他的妻子是单亲家庭，婚后不久，他就把岳母接到了自己家中照料。

慢慢地，他的事业有了起色，从律师助理一直做到了高级合伙人。人到中年，事业成功，风度翩翩，正是魅力四射一枝花的时候，这样的男人是最吸引女孩子的。加之他和老婆本来学历性格就不怎么匹配，所以，遇到谈得来的女孩子，他并没有十分强烈地拒绝。反正他有了红颜知己，至于是不是情人，我就不晓得了，一个男人和一个女人的关系，只有这个女人和这个男人知道，别人，都只是猜测罢了。

但他知道自己身上的担子，他是全家的核心，顶梁柱，若是离婚，老婆孩子丈母娘都将去向何方？他迟迟不敢迈出那一步。

当然，他在外面的风流韵事也传到了老婆耳朵里，夫妻俩开始吵闹。老婆逼着他问："你到底爱不爱我？"他不愿意撒谎，聪明如他，并不正面回答，只是说："所有的爱情到最后都会沦为亲情。"

当他老婆向我哭诉这一切时，我就拿了槿汐的话宽解她。我还告诉她，亲情比爱情更坚固，他一不想离婚，二对你上心，三对家庭负责任，说实话，这样的男人，在现时代已经是极品了。她一开始骂我腹黑，包庇犯罪，转而一想此言非常客观，现在已经尊我为顾问了。我告诉她，好吃好喝好活着，享受你所拥有的，孝敬好父母，照顾好孩子和自己，对这个男人的管理之道呢，要有理有礼有节。

据说她现在变漂亮了，变快乐了，变优秀了。以前她把全部的时间都用来和这个男人计较，现在她不那么计较了，把大部分时间都用来提高和丰富自己，男人反而更稀罕她了。

一心人向来很少，花心人相当多，虽然听起来挺惨，但这就是现实。

其实，所有的女人都应该这样，别整天闲着没事和男人掰扯一心不一心，做好自己的，过好自己的比什么都强。其实，你若在他心上，三千情敌又何妨？你若不在他心上，天天守着拽着又有何意义？

当然，如果你实属眼里容不下沙子的小主，有勇气突破现状，那当然再好不过了。可是，若无勇气，不如安静地忍受。总而言之一句话：要么改变，要么适应。

6 小女人情怀，大女人心态

人都说，男人最爱的女人永远只有一个，那就是：二十几岁，年轻，漂亮，身材好。

其实，男人，这哪里是爱，仅仅是玩家心态。

其实，男人，哪里爱的是女人，仅仅是青春情怀。

要我说，男人真正深爱的女人，只有一个，那就是：像甄嬛那样，外表温婉，内心强大。也可以说，小女人情怀，大女人心态。

皇上对她一见钟情，不仅因为她长相酷似纯元皇后，而在于她清丽脱俗的眉毛，还有她"嬛嬛一袅楚宫腰"的才情，还给他娘炫耀"甄氏婉儿一笑的样子，甚是迷人"。后来在评论琴技时又夸赞甄嬛："眉庄对于曲调的精通在你之上，可是她的曲中缺少情致。"皇上那么多老婆，为何专宠她这一个？皇上说得很明白："别人都把我当朕，唯有你把我当夫君。"

男人都喜欢温婉的女人，而甄嬛又是温婉女人中的战斗机，她美貌，但不像华妃那般有美女思维，跋扈嚣张。她琴棋诗书画舞样样通，性格温和，乖巧，多才多艺，能为皇上怡情养性。她家世显赫却不像夏冬春、祺贵人那般显摆、仗势欺人。相比之下，华妃的爱成了皇上的一种思想负担，她整天没事找事，吃醋耍性子，把后宫闹得鸡飞狗跳，还仗着娘家的后台对皇上施压，这样强势的女人，皇上不喜欢，男人都不喜欢。总之，在皇上那里，嬛嬛只是一个安静舒心的所在，她是小女人，是娇妻，是贤妻，记得那次皇上正为恢复华妃协助六宫之权而烦恼，后宫不太平，甄嬛带着夜宵前去上书房探望，皇上说："红袖添香在侧，再难的国事也不会觉得烦琐。"

甄嬛识趣地说："皇上许臣妾可以出入书房请安，臣妾自然不能让皇上讨厌。"

但是，甄嬛又很爷们儿，很有担当。一般的女人一旦坠入爱河就从可爱变得神经质，她们不再是迷人的鲜花，而像一条黏糊糊的鼻涕，热衷星座速配指数，迷恋千奇百怪的日期组合，风一吹就倒，事一来就乱。而甄嬛很有独立意识，她能出谋划策，能忍辱，能吃苦，让皇上省心。这方面，纯元跟她比就逊色多了，因为纯元只有单纯、善良和依恋，关键时候帮不上皇上什么忙。而甄嬛有智慧，有才华，事业上是皇上的贤内助。

总之，她既养眼，又养心。既会小鸟依人，又能冲锋陷阵。既是红颜知己，又是贴心娇妻。既有女人的温婉，又有男儿的担当。这样的女人，当真是高端定制啊。

可是生活中的女人，总是走偏了，做过了。要么温婉柔弱得像一摊烂泥巴，要么就硬邦邦得像个男人婆，没个女人样，比男人还男人。须知，女人的核心竞争力绝不是经济实力，也不是美貌。要不，她就不会落单了。

她 28 岁，服装店老板，才貌双全。

他 42 岁，离异两次，还带着一个孩子。没有工作，也没实力。

通过这些数字的比照，谁有优势？当然是女方了，无论年龄、外形，还是经济实力，她都比他高出许多。

可是，他们相处了 6 年，最后还是他甩了她。

我早知道会有这一天。有一次我去他们店里买衣服，当时正巧男人看店。男人帮一个女顾客试穿衣服，不由自主地念叨了一句："你气质多好啊，哪像我家那位，跟个大老爷们儿似的。"他边说边无助地摇头。从那时起，我就看出了危机，尽管大家都说他们挺般配的。果然，年前的时候他们分开了。

长光顾他家店里的姐妹们都很不解，说男人不知足，他跟着她那是享清福啊，只是看看店、健健身，什么活都不用干，也不用操心，进货发货都是女人一手操持。可我觉得很自然，因为男人都喜欢温婉的女人，而她不够温婉。女人太男人了，男人的尊严就找不到了。在尊严这个问题上，男人个个都骄傲霸道得如同雍正。

那天我又去他自己开的店里闲逛，他身边多了个温婉的女人，进货发货卖货的活儿都他一个人张罗，女人就在那里温婉地笑。一看就知道这样的男女组合是"他负责赚钱养家，她负责美貌如花"，可是，难得他心甘情愿。

感情的事，是是非非外人不足道也，重要的是，现在的她和他，各自是否找到了幸福。他找到了，不知她是否摸到了女人幸福的秘门：多一些温婉，少一些强势。

7 以色事人，终不能长久

在入宫前，芳若姑姑在甄府给甄嬛、安陵容进行入职前的礼仪培训时，谈到了华妃娘娘的美貌。大家都在盛赞华妃是个美人胚子，姿色倾国倾城，只有甄嬛保持淡定，她喃喃自语："李白说过，'以色事他人，能得几时好？'"

这句话，是说给她自己听的。

一部《甄嬛传》，触动人心的经典台词太多太多，于我而言，最难忘的就是这句了。

这句话出自李白的《妾薄命》。全诗是这样的：

> 汉帝重阿娇，贮之黄金屋。
> 咳唾落九天，随风生珠玉。
> 宠极爱还歇，妒深情却疏。
> 长门一步地，不肯暂回车。
> 雨落不上天，水覆难再收。
> 君情与妾意，各自东西流。
> 昔日芙蓉花，今成断根草。
> 以色事他人，能得几时好？

《妾薄命》为乐府古题之一。李白的这首诗极具画面感和故事性，通过对陈皇后阿娇由得宠到失宠的描写，揭示了封建社会妇女以色事人，色衰而爱弛的悲剧命运。这个故事，现代女性读一读，依然非常受用。

　　陈阿娇是个标准大美女，她拥有众多优势，是长公主之女，母亲有拥立之功，自己又贵为皇后，与汉武帝刘彻青梅竹马。可是她却不懂"以色事人，色衰而爱弛"的道理。她忘了她嫁的是万人之上的皇帝，还是一个心性才智出类拔萃的皇帝，但同时也是一个风流好色的皇帝。陈阿娇就是华妃的前辈，华妃就是陈阿娇的翻版，她出身显贵，自幼荣宠至极，难免娇骄率真；且有恩于武帝，不肯逢迎屈就；与汉武帝渐渐产生裂痕。纵使这个女人有一千个好，但是过分的骄纵，无才又善妒，让她看起来越来越碍眼，于是，刘彻废了她。致使李白千百年后为红颜蹉跎："昔日芙蓉花，今成断根草。以色事他人，能得几时好？"

　　说到这个话题，不能不提及武则天。武氏入宫前还是个天真烂漫的闺阁稚女，过着无忧无虑的少女生活，后来因为容貌出色而被唐太宗召入宫中，封为才人，赐号"媚娘"，一时间深受恩宠，可惜年少轻狂的武媚娘当时不懂得收敛，洋洋得意，锋芒毕露，不久便失宠了，或许是唐太宗厌倦了她，或许是他要给这个不谙世事的小丫头一点儿教训，很久都没有恩宠武媚娘。后来，她终究没有耐得住寂寞，打扮素净，谦卑地去拜见新晋的红人——徐惠，徐才人。温柔华美的徐才人望着垂首在自己面前的武媚娘问："武才人，你我都是太宗的嫔妃，论起来，你的容色在我之上，可知皇上为何对我眷顾？"武媚娘抬起头，聪慧的双眼已经被忧愁蒙蔽，她谦卑地低下头恳请徐才人的指点。徐惠以一个知识女性特有的智慧和冷静叹道："以才事君者久，以色事君者短。"这句话犹如当头棒喝，敲醒一筹莫展的武媚，从此她好学奋进，色与才兼备，不久后又获青睐，并最终遇见李治，成为一代女皇。

　　仔细想来，武则天是幸运的，如果，她一直被李世民恩宠的话，她就不会去想另谋出路，以她的政治背景，至多混到贵妃，有儿子的话，或者能够安享天年，没有的话，去尼庵生殉或者死殉，别无出路；如果，她遇见的不是徐惠，而是赵合德的话，那她可能早已被打入冷宫或者直接处死了。当然，还有太多危险的假设，她一一地渡过来，差一点儿，也不可能成为一代女皇。

　　然而，同样身为皇后的陈阿娇就无这等好运，遇不到一个点拨她的高人。

女人总以为男人的爱慕眷恋可以依靠长久，却不知全无思想的攀附，知识的积淀，易使男人累，也使男人倦，芙蓉花和断根草、红颜和白发之间，原不过一墙之隔。男人与女人之间的厌倦与麻木，是人性的规律，谁都贪财好色，美人看久了，那张脸也不过如此。有时候，即使色不衰，爱也会弛，人与人还是厌倦了。因为太过熟悉。不用去指责谁背叛，谁辜负，从自身找原因。所有的社会契约并不能保证我们永远留住谁，只有你自己有本事留住他人。你身体如何发展，嘴巴说什么话，双脚走过什么地方，伸手做出什么事，这些是能够给人新鲜感的途径，这些都可以成为你的本事。真正聪明的女子是通过自己由内而外散发出的优雅与聪慧来深深吸引男人的，从妄图依赖美色的主动，变成由男人自主迷恋的被动，懂得利用后者的女子无疑是聪明的。多爱自己，加强自我修养，让你值得他人为你停留，让世间美好机缘值得为你而来。

第一章
——
《甄嬛传》里的情爱哲学

纵使翩若惊鸿，以色事人终不能长久

第二章

先敬罗衣后敬人

——《甄嬛传》里的
女子修为艺术

1 做个会穿衣的女人

以色事人，不能长久，但并不是说不让你美化自己了。

香奈儿曾霸气十足地宣布：不用香水的女人没有未来。要我说，此言在咱们这块地界儿上未必适用，但不会穿衣打扮的女人没有未来是一定的。这一点，齐妃已经以身试法替我们验证过了。

齐妃被网友恶搞为整部《甄嬛传》最二的角色。她说话二，办事二，穿衣服也二，简直是二到家了。被网友传得沸沸扬扬的"粉红色事件"您听过了吗？

那一日，皇上忽降长春宫，齐妃喜出望外，手忙脚乱不知如何接驾是好。关于穿衣，她吩咐宫女："快去，给我拿件衣裳，要粉色的，皇上最喜欢本宫穿粉色的了。"

对于她这身行头，皇上感官如何？

皇上："这身衣服不好看，以后别穿了。"

齐妃："皇上，臣妾记得，皇上最喜欢臣妾穿粉色了。"

皇上："粉色娇嫩，你如今几岁了？"

齐妃："皇上是嫌臣妾老了？"

皇上："朕说的是实话。你穿湖蓝、宝石绿要合身份得多。"

再加上她说话不靠谱，什么糟心她说什么，硬是把皇上给气跑了。我当时都笑喷了，我就纳闷她当初是怎么混进宫的。

在后宫，齐妃是最不招皇上待见的一个女人，尽管皇后器重她，尽管她有三阿哥，可这阻挡不了皇上对她的厌弃。皇上为何讨厌她？是因为她年长色衰了吗？不是，端妃也不嫩不俊。是因为她不够聪明伶俐吗？也不是，淳贵人这个吃货也不机灵，还是个大嘴巴。皇上之所以不待见她，是因为她又笨又不会打扮。她不会说话，不会办事，还不会穿衣，从内到外，没有一点美感，也没有喜感，这样的女人，换了你是皇上，你也不会喜欢。

齐妃那不合身份和年纪的打扮，顿时让我想起了《小二黑结婚》中的那一段描述："虽然已经四十五岁，却偏爱当个老来俏，小鞋上仍要绣花，裤腿上仍要镶边，顶门上的头发脱光了，用黑手帕盖起来，只可惜官粉涂不平脸上的皱纹，看起来好像驴粪蛋上下了霜。"

相比邋里邋遢的齐妃，甄嬛就抢眼多了，她是宫里最会穿衣的女人，她懂得"先敬罗衣后敬人"的生存细则。还是在海选的时候，甄嬛见不得夏冬春恃强凌弱，在替安陵容打抱不平后，见她穿得不靠谱，规劝道："先敬罗衣后敬人，世风如此，到哪儿都一样。姐姐衣饰略素雅了些，那些人难免会轻视了姐姐，这对耳环就当今日见面之礼。"

安陵容这边儿"不不"地推辞，那边甄嬛落落大方地提醒她："希望姐姐心想事成，一朝扬眉。"

世人都爱以貌取人，男人大多数都是登徒子，好色，靠眼睛恋爱这是注定了的，你能做到的，就是尽可能地让自己美一些，看起来更养眼。你可以不年轻，可以不漂亮，可以不富有，但一定要会穿衣会打扮，对得起自己，也对得起观众。你对不起观众，那观众也会对不起你。

因为老婆邋遢而离婚的事件我听说不止一次了，最近，杨先生就因为老婆不会穿衣而决意与他离婚。

去年底，公司召开团拜会，总公司的老总都要莅临现场。团拜会现场可谓灯火通明、高朋满座。像这样的社交场合，用不着谁提醒，在衣着上一定要认真打理一下。男人好说，深色西装打领带，注意皮鞋整洁就可以了，女人就要注意一些，太花哨、太暴露、太休闲肯定不行，这毕竟不是娱乐场所。

杨先生提前跟老婆打了招呼，让她穿着精心一些。可是，那天老婆穿着仍然很失败，她穿了一件绿色长袖衬衣，领口有那种纱制的花边，绿色的上衣还有浅白的碎花图案；下装是白色的裤子。整个人看上去非常清爽、干净，可是，来到团拜会这样的场合，这身打扮的"乡土气息"就显得很浓郁了，平日里，戴顶草帽，到郊外休闲，这么打扮还行，可是，那天是咖啡和西餐啊，不是席地而坐吃快餐。

一开始的时候并没出丑。但是，在团拜会拜年仪式完毕、等待就餐的时候，一位老总竟冲着杨先生的老婆喊，叫她来一杯香槟。原来，老总把杨先生的老婆当成服务员了。

场面尴尬极了，杨先生尴尬，老婆也尴尬，关键的是那位老总也非常难堪。一个年薪百万的 CEO，就像做错了什么事情一样，连连向杨先生夫妇赔罪，道歉，后来竟惊动了杨先生的顶头上司。因为这件事，杨先生被上司狠狠地臭骂了一顿，说老婆孩子的形象也是公司的形象，说起来都是文化人，可怎么这么没素质。

杨先生无地自容，爱人的服装品位已经影响到了他的审美情趣和职业发展，所以他要好好进行"宏观调控"了。可是当他对爱人动之以情晓之以理时，老婆竟然不屑一顾地批判他浅陋，甚至怀疑他移情别恋了，老婆暴跳如雷地指责他："你累不累啊，章子怡很得体，会打扮，你去找她啊！"

其实，杨先生忍耐爱人不修边幅邋里邋遢已经多时了，被爱人这么一激，还真的找类似"章子怡"那样的女生去了。

我很理解这位杨先生的感受，哪个男人不希望自己身边的女人浓妆淡抹总相宜，衣着得体大方啊？谁都不希望带一个邋邋遢遢的女人出去丢脸。用华妃的话说就是"谁不喜欢自己的女人在身边坐着光彩夺目呢？"即便聪明美貌如甄嬛，不也得靠容色才能打赢翻身仗吗？那一日，甄嬛决计好好捯饬自己，重新吸引皇上，她揽镜自语："明明最恨以色事他人，可如今，我却只能以容色吸引他。"

其实，这点心理障碍实在是没有必要，天下没有一个男人不爱美女，我可以替男人说句掏心窝子的话：我们都爱看美女。假如男人说他就喜欢你的气质，你若信以为真，那你就是傻瓜。假如夫君说就爱你的小肚腩，你从而放弃减肥，那你就是个蠢货。假如男人说就爱你的懒惰，你从而邋里邋遢，那你就是个白痴。

我同样可以对女人说句负责任的话：无论底子好不好，都要尽其所能地把自己打扮得好看些。即使不是为了愉悦男人，哪怕是讨好自己，也要好好美化自己。

2 做个惊艳的女人

北方有佳人，

绝世而独立。

一顾倾人城，

再顾倾人国。

宁不知倾城与倾国？

佳人难再得！

李延年就是靠这首《佳人曲》，让雄才大略的汉武帝对自己的妹妹李夫人生出一见伊人的向往之情的。李夫人也确实没让汉武帝失望，楚楚动人，巧笑妩媚，美目顾盼……汉武帝一见之下何止是怦然心动、心驰神往，简直就是惊为天人，从此难以忘怀。

我常想，古时女子是不是有什么特异功能或有什么秘籍，所以才会有许多男人在惊鸿一瞥后就失了魂魄，比如跳惊鸿舞的甄嬛，招引蝴蝶的甄嬛……

这特异功能说白了就是惊艳。惊艳是最能形容女人功力的一个词汇，是最要男人老命的一种姿态。让人惊艳的女人是月光下的游园惊梦，是黑夜里乍放的烟花，她的不同凡俗的美丽让观者惊羡，久久不能忘怀，即使付出生命也在所不惜。

甄嬛因为自己的孩子流产，而皇上没能替她出气责罚华妃，对皇上耿耿于怀，一度消沉，素服数月。眼瞅着这美人胚子就毁了，为了激发她的斗志，沈眉庄带她去了趟冷宫，甄嬛大受刺激，决计复出。如何复出呢？这个聪明的女人很会为自己谋划，她用十七爷从圆明园里捉来的蝴蝶，在众人的协助下，下雪天在倚梅园演出"蝴蝶计"，时隔多日，我依然记得那一幕的惊艳。

初雪，地白，红梅怒放，她身着云雁细锦的斗篷，天水碧的颜色，丁香紫的宫花，虔诚地跪在地上许愿。楚楚可怜地说着动听的情话。当皇上见状犹怜地挽扶握住她的手时，她华丽地转身，裙裾飘飘，蝴蝶翩飞。这一切美不胜收，皇上彻底被电晕了，惊异地说："这时候哪里来的蝴蝶？蝴蝶亦为你倾倒。你让朕心醉。"遂脱下龙袍给她披上，抱得美人归，甄嬛咸鱼翻身，得偿所愿。

说实话，此情此景，作为一个女人，我都被电晕了。毫不夸张地说，惊艳的女人，真能要了男人的老命。埃及艳后克丽奥佩托拉就是个能让人惊艳的女人。当她以毛毯裹身出现在恺撒面前时，恺撒立刻臣服在了她的石榴裙下。当恺撒被刺身亡后，她的迷人风姿、优雅谈吐又让马克·安东尼神魂颠倒，不知所措……她凭借自己倾国倾城的姿色和智慧，让强大的罗马帝国的君王心甘情愿地为其效劳卖命，为弱小的埃及赢得了22年的和平。

名女人有名女人的惊艳，普通女子也有普通女子的惊艳。比如明人李渔笔下的女子。

李渔写春游遇雨，避一亭中，见无数女子妍媸皆慌忙奔至亭内。其中一三十岁贫女子独立檐下，并不往亭内无隙地再挤。人皆抖湿衣，她则听其自然，因檐下雨侵，抖之无益。一会儿，雨将止，人匆散，她仍立于亭中。不一时，雨复作，众人奔回，那些女子衣衫之湿，数倍于前，姿态百出，其状甚狼狈。而那女子仍平和而立，自有从容之态。

李渔为此感慨，此女子之态缘自平素之养，虽贫并年三十，"然使二八人与颈珠顶翠者皆出其下"。女人生命中的颜色来自"态"。李渔笔下的女子无华中有态，故佩珠翠者不及之"惊艳"。

想来，女人之让人惊艳，不止是绝世美貌，不是出奇的扮相，而是那一种"态"，如埃及艳后深藏于美丽之后的智慧和心机，如李渔笔下布衣女子的自在从容，不惊处自有一番惊心……女人之让人惊艳，是一种心性，一种态度，一种对真美的深刻理解后的本真表达。

从进化论角度讲，人对美的追求能力应该是越来越胜及前人的，可是，不知为什么，当下盛世之中，却有无数女子不知道如何让自己"绝世而独立"

了。头发染得五颜六色，衣服穿得奇形怪状，无所顾忌地追求性感，露胸、露背、露臀，该露的露了，不该露的也露了，使尽了手段，就是收不到让人惊艳的效果。

我身边就有个女孩，总爱把自己打扮成一只花枝招展的"孔雀"。紫色的大衣、黄色的衬衫、色彩斑斓的长裤、粉色的皮鞋，还要再配上一个红色的背包……别人经常打趣她，背地里还给她取了个"花姑娘"的绰号，可她毫不在乎。最让人惊诧的是，当有人提醒她时，她不但不领情，还骄傲地说："要的就是这效果，知道什么叫'惊艳'不？我要让见过我的人永远也忘不了我。"原来她追求的是这样一种效果。但她那打扮能让人惊艳？让人过目不忘倒是真的，但人所不能忘的恐怕是她的艳俗，甚至是如三仙姑一般的恶俗吧。

3 做个正能量的女人

坊间女人都在商讨着女人要找正能量的男人，积极阳刚、有实力，有信心，令女人有安全感，跟着这样的男人过日子才幸福。其实，男人也一样，他们也喜欢亲近正能量的女人。

皇上为何老往甄嬛宫里跑？因为她是正能量，是温柔乡，是充电器，是智囊，是后花园。

而果郡王欣赏叶澜依，也是如此。"我印象中的叶澜依，笑容美好、性格坚毅，哪怕再苦，她都会寻得一点甜蜜让自己高兴起来。"这是果郡王对叶澜依的评价，从果郡王看叶澜依赞赏的眼神和他形容她的言辞，就能看出，假如他没有遇见甄嬛，十七爷这个大龄剩男一定会娶她为妻。果郡王也知道，宫里的日子不好过，皇兄身边不好混，招之即来挥之即去，还得想方设法避免他的猜疑。虽是皇家血脉，他们娘俩儿和嫔妃奴婢一样不安稳，时刻战战兢兢如履薄冰，而叶澜依则会让他眼前一亮，这个驯马

女身上有不服输的精神，且一见他就笑。这个另类女子带给他的美妙感觉还可以使他在深宫中聊以慰藉。

一句话，男人既喜欢，也需要正能量的女人，尤其是这个人类普遍过劳的时代，男人也信仰哭吧哭吧不是罪，再阳刚的男人也有脆弱无助的时候，再爷们儿的男人也有怂包无奈的时候，当他们在人生的沙漠里踟蹰不安时，也希望女人能够小温柔小清新小明媚，绝不是病快快的西施，不是多愁善感的林黛玉，不是惹得他闹家窝子的董鄂妃，这样的"无骨女"只会把男人拖进万丈深渊，她们会让最强大的男人崩溃。

咱就说说林黛玉吧，她是负能量女人的典型代表。这位冰清玉洁、纯真高雅、娇柔百媚的妹子，不知迷倒了多少人。她才思敏捷、出口成章，是典型的才女形象；她追求个性，向往自由，敢于挑战封建权威，不屈服于传统世俗，具有进步思想；同时又是个十分标致的大美人。可是这样一位天人，却生性敏感，疑心过重。总觉得世界对她不公平，别人都不和她一心，"一年三百六十日，风刀霜剑严相逼"；她心胸狭窄，爱使小性子。经常因为一些琐事而伤怀落泪；她还言语尖酸刻薄，得理不饶人。一言既出全然不管对方能否接受，等等。如此一个悲观消极、小肚鸡肠、敏感多疑的女人，不仅害了自己，也拖垮了宝玉，其情路坎坷，命运多舛，自是情理之中。

事实也正是如此。宝黛爱情从一开始起，就甜蜜伴随苦涩、幸福夹有痛苦，两个人即既爱得死去活来，又累得心力交瘁。一方面，两人的确有着共同的志趣和理想追求，相互吸引和倾慕，一日不见如隔三秋，信誓旦旦永结同心。另一方面，由于林黛玉的敏感和多疑，两人见了面后，更多时候是在误解、争吵。一个愁得长吁短叹，一个委屈得双泪长流；一个恨不得扒开心来给对方看，一个却倔强任性地不依不饶。正所谓"相见不如不见，不见心里思念"，"爱之愈深，怨之愈重"。

我们不妨设想一下，倘若林黛玉没有病死，而是最终和贾宝玉结合了，那么她的爱情会幸福吗？当然不会。或许他们会同甘共苦度过一生，但更多的可能是他们会因爱得死去活来、累得心力交瘁而最终分道扬镳。

小说终归是小说，源于生活并高于生活。可是现世里比林黛玉还令人毛骨悚然的女人也多得是。

我认识一个开出租车的女人，十年前她随当兵的丈夫来北京，成了一名军嫂。顺风顺水的日子过着倒也舒坦。后来丈夫因为工伤，赋闲在家，她就开始唠叨了，开始负能量了。再后来丈夫又得了骹骨头病，她就更郁闷了，彻底负能量。在家里和老公吵闹，出门见人就诉苦，邻居见了她都躲。两年前她的丈夫提前办了病退，回河南老家养伤，她就一个人在北京漂着了。

说实话，这姐妹儿挺漂亮的，孩子不在身边，三十多岁，追求她的男士也比较多，在短时间内，出现了络绎不绝趋之若鹜的热闹场面。有很多好色的登徒子慕名而来专门为了打她的车，甚至有一个附近的男人为了她要和老婆离婚，还有个二十出头的帅小伙为了她拒绝相亲。可是好景不长，这些男人们便都如鸟兽般散去。至于原因，甚是简单，都嫌她麻烦。

每一个靠近她的男人，都会有无穷无尽的麻烦，她总给人家诉苦，说婆家的不是，说老公无能，说娘家不顶事，怪自己命不好。还有，但凡遇上麻烦，即便是芝麻大点儿事，她也要动用自己的人脉，调动一切对她心存关怀的男人。每当她倒霉的时候，就是见证她魅力的时候。有一次我亲眼见她的车子因为和别人发生了点儿剐蹭，其实根本不碍事，她就把那些粉丝全都召集来了，乌压压围了一大圈儿。

就这个折腾法儿，没几下子，就把男人们都折腾跑了，把自己那点儿吸引力给折腾没了。哎，男人哪有那么大心劲不停给她善后啊。原本那些花蝴蝶男人是来看风景图痛快的，结果却遇见个吸血鬼，人家当然吓跑啦。

如果生命是一张白纸，每个人都应该对自己生命的增光添彩负责，每个人都需要一个能为那张白纸添加美景的人，而不是一个涂满阴影的人。林黛玉、西施还有董鄂妃她们这个范儿的女人，全是负能量的女人，看上去病秧秧的，娇柔可怜，搂在怀里是不错，可是这样的女人也只能是偶尔看看罢了，真要朝朝暮暮，再强大的爷们儿都可能崩溃。可以想象，当男人在外面受尽各种委屈辛酸，回家后还要忍受一个女人苦大仇深、消极悲观的脸，那么这个男人的心理负担和压力得有多么沉重啊。生活不是琼瑶剧，没有那么多风花雪月，太过林黛玉似的弱女子，只会让男人极度反感。特别是那些没事非得整出点事来的女人，男人们对于这样的女人更是唯恐躲之不及。而生性乐观开朗的女人就像向日葵，即使在阴霾的天地里也能绽放得赤裸裸、华丽丽。一个心智健全的男人，无疑需要这样的女人。而甄嬛正如是，所以雍正迷恋她。你呢？

4 做个神秘的女人

最好的女子是什么样的？不一定是贤惠的，但一定是让男人"吃不了兜着走"的。

这里的"吃不了兜着走"，就是一下子捉摸不透，而是要打包回家躺在床上左思右想辗转难眠耐人寻味。男人追逐女人惯常使用"搞定""拿下"，让他"吃不了兜着走"就是让他永远搞不定拿不下。

谁都知道，皇上是放不下他的"嬛嬛"的，太后皇后华妃都知道，即便是她惹他气、惹他疑，他依然在高烧的时候唤着她的名字，不去看，惩罚，禁足，不过是一个中了情毒的人私心里的近乡情怯罢了。

皇上为何爱甄嬛？肯定不是因为她的美貌，要论美貌，那该是华妃。要论贤惠，那该是沈眉庄。要论心计，那该是皇后。可这些女人，皇上都能放下，唯独一个甄嬛，让他近乡情怯，耿耿于怀，因为他看不懂猜不透她，他从来没遇见过这么有挑战性的女人，其他的女人他都一眼望穿，看得门儿清，像华妃就是爱耍小性子爱撒娇爱吃醋争宠，而皇后就是个小心眼爱管事的，其他嫔妃呢就更微不足道了，无非就是唱唱曲想法子多承蒙点圣眷。唯独甄嬛，他无数眼都看不透，这个女人饱读诗书，又通史书，会惊鸿舞，又擅古琴，口齿伶俐、能说会道。别的女人都巴巴求着皇上，唯独她推三阻四的，还敢和皇上撕破脸。皇上阅人无数，唯独这个女人的心思最难猜，他不知道这个女人到底想要什么，到底放不下什么，也不知道这个女人到底还有多少聪明才智，到底还会多少绝活才艺，到底这个女人心里有没有他、在乎不在乎他。这些，总是让皇上琢磨不透，如梦似幻。

所以，男人放不下的女人，不是美貌的女人，不是贤惠的女人，不是可爱的女人，而是一眼看不穿的女人，是不停有新鲜风景的女人。

谈到女人的神秘，我又想起林徽因。

她很了不起，在如何对待男人的问题上。她嫁给梁思成，也算嫁入豪门世家，在那个年代按一般的女子，应会放弃自己的事业，在家侍候丈夫公婆，做个贤妻良母。但她没有放弃自己的事业，始终保持自己的思想是深邃的、独立的、新鲜的。身体可以被征服，但思想永远不屈服，也是因为如此，才能让以征服为人生乐趣的男人对她保持兴趣。

她婚后邂逅金岳霖，一见钟情，并如实告诉了梁思成。她因此痛苦不已，但她恰恰这样而一辈子拴住了两个男人的心，并且极大地激励两个男人一生奋斗不止：一个男人了解她的身体，但了解不了她的思想，而另一个男人了解了她的思想，但永远触不到她的身体——她永远没有被任何一个男人完全了解，完全征服，所以她得到了不止一个男人一生一世的爱。

人只会对得不到的东西永存爱慕，对有可能失去的东西抓住不放并倍感珍惜，且越无把握，失去的风险越大，越饶有兴趣——因为人性中征服心难以克服。这一点，男人尤甚。

男人的这种特质倒是可以用华妃的口头禅来形容：贱人，就是矫情。其实，这点特质倒也没什么神秘的，他们也就那两下子功夫：一是好奇的男孩，二是好色的猎户。他们的妙语连珠、他们的热情洋溢永远不会用在一个太过熟悉的女人身上。女人若想调动一个男人的积极性，让他对你永远保持垂涎，那就要让他在你这里不停地看到新鲜玩意儿，新鲜风景，让他永远吃不透你，而不要像田里的稻谷一样，收到囤里就是粮食，拿破布烂塑料一盖，今后就是他一辈子的菜了。

记住，你死心塌地，他便无所顾忌。面对那种易花心，而且又有手段的人，千万不要太掏心窝子了，有时候可以装得静如处子，动若脱兔一样，让对方捉摸不透你，说得通俗点，就是要对方不能不顾忌。

5 做个会撒娇的女人

漂亮的女人不一定制服得了男人，但会撒娇的女人却是男人的克星。撒娇是女人的杀手锏，比"倚天剑"还要锋利，一出手就会击中男人的死穴。女人讨得男人欢心，要会撒娇。

但撒娇也是有学问的，不是放柔声音拉长尾音随便乱嗲，不适当的时候撒娇，会令人反感，弄巧成拙。恰到好处地撒娇，则能讨好、得便宜、卖乖。

甄嬛是个撒娇高手，她撒娇不像华妃那般直白，不像安陵容那般露骨，不像皇后那般无趣，不像祺贵人那样小儿科。她撒娇那真是恰到好处，少一分太平，多一分太腻。

那一晚，皇上听了甄嬛的劝告，为了平衡六宫，去了齐妃那里过夜，结果还被齐妃给气了出来，路过碎玉轩的时候，听到了甄嬛的琴音。那时候，甄嬛因为皇上不在身边，寂寞，吃醋，弹《湘妃怨》解闷。皇上不能自拔地进来了，见甄嬛素衣抚琴，爱怜地说："你把朕的心都弹乱了。"

这要是换了华妃以及你我这样的女子，还不得像兔子一样扑通一下子扑上去啊。可是人家甄嬛可没这么二，她起身施礼，还装萌淡定地说："皇上怎么来了？"

皇上："为伊消得人憔悴，朕今儿总算是尝到滋味了。"

甄嬛："皇上不是在齐妃那儿吗？"

皇上："看过了，走过来见今儿个月色好，想来瞧瞧你在做什么，这样好的琴声，幸好朕没有错过。"

甄嬛："皇上再这么说，臣妾无地自容了。堂堂君王至尊，竟学人家偷听墙角。"

皇上："越发大胆了，朕罚你弹一首折罪。"

甄嬛："皇上这么过来，齐妃会难受的。"

皇上："你舍得推朕去她那儿吗？"

甄嬛："臣妾说过皇上是明君。"

皇上："那朕就明日再做明君，今夜且再做一回昏君。"

甄嬛："那臣妾明日再做贤妃，再去向齐妃姐姐请罪。"

就是这场娇撒的够味儿，皇上才赐予她小号"嬛嬛"。

还有那一次，皇上又为后宫诸事烦扰，甄嬛劝慰道："皇上担心这个，担心那个，便少纳几个人就是了，把一颗心掰成这么多份，臣妾看着都觉得辛苦。"您瞧瞧，同样是担心老公外遇，甄嬛说得多耐听啊。

所以，会撒娇的女人既能得人心，又能赚实惠，而不会撒娇的女人则得一地鸡毛。

甄嬛撒娇的学问有三：

一是把握时机。甄嬛都是趁皇上心情好的时候，在状态的时候才撒，不适合撒娇的时机绝不乱撒。甄嬛怀孕与雍正聊天，嘤嘤喁喁，学舌不断。陈醋都吃了几大缸，雍正开玩笑说她："怪不得圣人说，唯女子与小人难养也。"甄嬛撒娇说："臣妾是女子，腹中的是小人儿，若是养不起，就不养罢了。"雍正大笑，自是心花怒放，高兴不已。你看，甄嬛怀孕，龙颜大悦，心情极好，很在状态，甄嬛就势而撒，自然能讨得欢喜、助兴。

所以，时机的把握很重要，要挑对方高兴的时候，情势合适的时候撒娇。

二是分清场合，公共场合绝不开腔。甄嬛知道女人善妒，所以绝对不在公共场合大秀恩爱，更不会和皇上打情骂俏。无论是家宴还是遛弯儿，甄嬛在皇上面前都是中规中矩的。

三是把握分寸，见好即收。甄嬛绝对不会撒娇无度，她撒娇时也是审时度势，差不多就 OK，绝不会像狗皮膏药一样乱黏，形容无具。正所谓物极必反，凡事不要去得太尽，这绝对是做人处世的至理名言，就算是撒娇也一样。其实向男朋友撒娇，无非想他用行动或说话来重视自己，如果他已有所表示，那人家就应该见好即收，要知道得些好意须回手。若取得了甜头后还不懂得收手，还要继续撒娇，一两次男朋友还可能看在情分上继续宠你，但若变本加厉，总是撒娇卖乖的话，只会令人认为你难服侍，久而久之更会没反应，所以最精明的撒娇，就是懂得收放自如，这样的撒娇才可得到最大回报。

四是目的单纯。撒娇就是撒娇，就是图个你侬我侬，两情缱绻。而不要带有其他目的，即使你有别的心思，也不能说出来，否则就会败了兴。这等傻事华妃经常做，她经常卖弄矫情利用皇上对她的娇宠提要求，为她的哥哥侄子们讨价还价，很是没劲。她以为皇上傻啊，皇上表面上答应她，其实背地里已经起了疑心，甚至动了杀机。

爱撒娇的女人很多，但会撒娇的女人却很少。以前你不会撒娇也就算了，看了《甄嬛传》再不会撒娇那就太笨了，女人们撒娇一定要"撒"好，要撒出品位、撒出温柔、撒出浪漫、撒出实实在在的娇气。

6 做个诗情画意的女人

在看甄嬛之前，我偶尔也读点唐诗宋词，但从来未曾把这些诗词歌赋和生产力联系在一起。可是看了甄嬛之后，我发现，在"甄嬛从一个不谙世事的单纯少女成长为一个善于谋权的深宫妇人"这一路上，诗词歌赋竟然起了那么大的作用，能自救，能救人，能吸引男人，能谋生、能上位，简直是万能钥匙。

她的父亲是大理寺少卿，掌管刑狱案件审理，想来家教不错，也是读过好些书。像"四书五经"、《诗经》、《唐诗三百首》等等。剧中也着实表述了沈眉庄未入宫殿选之前在家演练选秀流程，母亲发问一段。甄嬛与沈眉庄从小相识，且一并成长。想来"经""书"也是不错的。当然电视有所侧重，所以甄嬛的诗词歌赋更是绝佳。为什么说这么多题外话，实在是因为读史明智，甄嬛正是博闻广记才如鱼得水。

我举一例。准葛尔可汗强要熹贵妃（甄嬛）一段，果郡王按捺不住，挺身入殿，才使得雍正帝大疑。她知"皇命不可违"，陈情上词以言志。就是这首《春日宴》：

春日宴，

绿酒一杯歌一遍，

再拜陈三愿，

一愿郎君千岁，

二愿妾身常健，

三愿如同梁上燕，

岁岁长相见。

这首词意味深长，不可不细细品味。这首词是五代南唐人冯延巳所写，字面是两情相悦、长相厮守之意。但因为燕子春来秋去为候鸟，所以并不是妻子与丈夫祝酒词，而是侧室或妓女所言。这很明身份，甄嬛再是宠眷优渥，依旧是妾室，如果坏了长幼尊卑的秩序，则是大问题（雍正皇帝最为看重的）。

郎君千岁。在场的谁是千岁？只有果郡王，皇帝是万岁呀。所以这句话直白地表达了甄嬛对果郡王的规劝，不要以身犯险，我会长健的。甄嬛后面也说了此番用意。因为原词就是如此，雍正皇帝以为是他的爱妃临别赠言，祝愿他身体健康，长命百岁，实则不然。这一点可以看出甄嬛的诗词运用水平之高。

剧中每每显示甄嬛在看《诗经》《柳永词》。偶有心得，两情缱绻，深情表述，深得帝心。这些东西给她带来了皇帝喜欢的独特气质。现代词就是"艺术范儿"。雍正皇帝就曾直言华妃不爱看书。皇宫里面每个人都是艺术家，都有艺术范，只是谁更能装得楚楚可怜罢了。诗词所表达的爱意，婉转深情。才真正透露出人尤其是美人含羞待放，娇媚静好的美感。就好比西施的心痛病，必得柔弱的外表将胸中的才华及美带出来。也好比黛玉的慵懒无力，弱不禁风，连大观园里的小厮都知道，见了林姑娘不敢喘气，怕吹到了她。那种让男人情不自禁的心生怜爱，恰恰是文化书卷气给甄嬛带来的魅力。其温婉气质，亦根源于此。

当然，读了得会用，不会用，那还是瞎忙活。要说诗书，沈贵人并不比甄嬛读得少，但她就差多了。

甄嬛用自身的经历告诉我们：混宫廷，可以没有腹黑的底子，但一定得有诗词的底蕴。

至于现代女性，诗词有必要吗？必须的。诗词是五千年中华文化留给现代女性最珍贵的礼物，温婉的修炼，气质的提升，势必离不开诗词歌赋的熏陶。腹有诗书气自华，唐诗宋词里走出来的女子，温柔娴静，婉约含蓄，清丽温婉，清灵淡雅，韵味十足，心境自然而美丽。历代才女佳丽，保持所固有的矜持，闲愁不失风雅，高傲不失尊贵，智慧的思想，独到的见解，为王孙公子深深眷恋，世人为之所动容。

可是现代女性多致力于读成功学，唐诗宋词鲜有接触。俗话说功夫在功夫之外，只读成功学，不一定成功，这种成功包括婚姻和家庭的双重成功。我有个小学同学，她初中都没毕业，但人家长得面容姣好，更重要的是她很有文艺气质，除了语文好，其他科目一窍不通，写得一手好字，满脑子琼瑶，满肚子唐诗宋词，不仅会背，还会写。可是他老公就是恋上她这点特质了，这些年来，她老公从县人民医院调到省立医院，再调到空军总医院，工作换了多少了，可是老婆就死活不换。人家老公说了，有钱的女人好找，可是这种气质的女人不好找。

我还亲眼见过一家公司的前台小姑娘，愣是凭着年会上一曲高山流水的古筝演奏，把老板感动得稀里哗啦，转眼就让她担任公司的文艺总监。一开始同事们都以为有什么猫腻，把这事想歪了。可事实证明，老板的这一步棋走得万分英明，每当有贵宾客户来访，老板就让她在接待室内献曲一支，品茶赏曲，客户高兴极了，很多问题就迎刃而解了。这比拼酒 K 歌效果好多了，流风雅韵中就把单子签了！

这两年，市面上出现了不少专门培训 K 歌的公司，就是教商务人士唱歌，提高演唱技艺，以便招待客户吃饭唱歌时玩得 high 一点，把客户招待得好一点，便于业务的拓展。要我说呀，有那工夫真不如多读点诗书、史书，多学学甄嬛。

7 做个有品位的女人

尽管"这宫里的女人就像御花园的花朵，谢了自然会再开，女人老了一群，会进来一群新的，像开不尽的春花一样"，可是甄嬛却是不争自艳且天长日久的一朵。甄嬛之所以能在一堆女人中艳压群芳，还在于她是个有品的女人，不仅是有品格，还有品位。品位，懂吗？也就是 class。

在英语中，class 表示阶层、等级，也有格调、品位的意思。你知道吗，在欧美国家，人们在谈及 class 时，关注的往往不是一个人的社会地位，而是他有没有品位，有品位的人自然就有地位。甄嬛有品位，所以有地位。

同样是一身素衣，安陵容穿得土里土气，人家甄嬛就知道帮她配副耳坠，还能在她发上点缀一朵海棠花，从而打动了皇上。

同样是一杯雪顶含翠茶，曹贵人只知道憨喝，甄嬛能分析得头头是道。

同样是吃醋寂寞，华妃会二百五一样地狂吃酸黄瓜，祺贵人会谎称自己梦魇用三脚猫的功夫把皇上骗到自己床上来。人家甄嬛却和下人们一起剪纸，踏雪寻梅许愿。

这就是品位。

用衣食住行上的规矩和条条框框来判定一个人的教养是不是太有失偏颇了？当然不是。因为这是了解一个人最简单便捷的方式——一个人日常的生活喜好会在不知不觉中透露出隐藏其后的这个人的品位和格调。服饰的款式和色彩，言谈的方式和做派，家装的格局和搭配，以及喜欢阅读什么书刊，甚至吃什么喝什么，都能体现出一个人的生活方式、教育背景、财务状况以及个人情趣。

现在，有钱的女子挺多，有品位的女子挺少，家境好的女子挺多，教养好的女子真没几个。飞机上跷着二郎腿炫富的妙龄女郎，开着宝马飞扬跋扈的富家千金，戴着几十万的手镯随地吐痰的贵妇，比比皆是。

　　想象一下，当这样一个女孩子出现在你眼前：涂着深色指甲油，屁股占满整张椅子，弓着腰背，边"吧唧"着嘴吃饭边骂骂咧咧，浑身都是火锅店的味道……你会觉得她很有品位吗？如果你是这样的一个女孩子，当你敲开别人的家门，向人推销你手里的东西时，你能想象出自己会有什么样的遭遇吗？

　　拥有几十亿美元身价的化妆品王国的王后艾斯蒂·劳达当年就曾有过这样的经历。她以推销叔叔制作的护肤膏起家，为了销售她不得不走街串巷，但是效果却不怎么样，因为她没有营销资历，没有任何护肤和美容方面的技术特长。为了改变局面，她决定将自己的产品定位于高端，但仍然销得不好。

　　有一次，她终于鼓起勇气，问一个拒绝购买产品的客户："您为什么拒绝购买我的产品呢？是我的推销技巧有什么问题吗？"那位女士回答："不是技巧的问题，是你这个人不行。你根本就是一个低档次的人，怎么能让我相信你的产品是高档次的呢？"

　　艾斯蒂·劳达并没有为这位女士言语中的轻视和侮辱生气，相反，她非常高兴，认为自己终于找到了失败的原因。她开始对自己的形象进行精心包装，让自己从容貌、举止、行为等一切方面都看起来像一位上流社会的淑女。之后，她的产品成为吸引"上等顾客"市场的精美品，她也赢得"化妆品王后"的美称。

　　这位曾经一度沿街叫卖推销面霜的劳达，现在已生活在童话故事的真实场景中：她是曼哈顿府邸的主人，圣基恩—凯珀—法莱特别墅的宅主，在伦敦有寓所，在棕榈海滩有海边修养地。

　　可见，一个人的形象对于人生的成败有着举足轻重的作用，女人尤其如此。如果你是一个注重自身管理、穿着得体、让人觉得很有品位的女人，别人自然不敢怠慢你。

　　女人的品位并非来自富有或豪门，也不是来自显赫的地位。女人的品位最主要是来自内心的高贵品质——这种内在精神可以让女人变成突出的、特立独行的，又风度翩翩的，并且别人无法模仿的。

　　品位与容貌的漂亮也没有必然联系。相貌平庸的女子只要拥有高级品位，就会在举手投足之间都流露着一种让人着迷的力量。她年仅 25 岁，却拥有每月 5 万元的高薪。她没有名校的高学历招牌，没有有钱有势的父亲，也没有漂亮的外表，她身高不过 1.6 米，黑黑的皮肤，五官的搭配也没有什么过人的地方，然而，就是这个普普通通的小女子，在不到半年的时间里，就从一个普通的保险业务人员变成高级讲师。她的学员说，他们不是被她的容貌吸引，而是被她的品位和气质所吸引，她的一举一动、一颦一笑都会给人一种说不出的美感，听她讲课是一种享受。

对于女人的品位——那种内在的高贵品质，不同人有不同的理解。宁静的心态、淡然的情怀、举手投足间流露出的仪态万方，以及富有品位的服饰物品，都能显出女人的品位。

或者，女人的品位就是一种生活态度。有一个朋友，不管一天有多累，晚上睡得多么晚，第二天早上 6 点都会准时起床，把自己打扮得精精神神再出门。出现在同事面前的她，永远是一个干净、清爽的女孩。在人们的印象中，她是一个对工作、对生活、对自己、对朋友都很负责，毫不含糊的人。像她这样的女孩，自然要比平庸的女人拥有更多的机会，无论情场，还是职场。

第三章

不要腹黑，要智慧

——《甄嬛传》里的职场竞争微教材

1 不放弃，成功就在下一秒

安陵容小门小户，穿着寒碜，姿色一般，根本入不了皇上的法眼，已经被撂了牌子，却起死回生，原因何在？正像太后说的：别人被撂了牌子都一脸的不高兴，你倒懂规矩。

是的，那天秀女们入宫面圣，安陵容不仅迟到，还被夏冬春先前羞辱了一番，情绪一定也大受影响，想必气场也不行。皇上几乎看都没看她一眼，就直摇头。当管事的太监扯着嗓子宣布"撂牌子，赐花时"，安陵容也挺失望的，想着自己没法为亲娘扬眉吐气，她失望地闭上眼睛。可是她倒也失意不失礼，别的秀女被撂了牌子，都是气鼓鼓地满脸不高兴，而她不着急拿花，而是彬彬有礼地表达谢意："安陵容辞谢皇上太后，愿皇上太后身体安泰，永享安乐。"

太后被雷住了，对她的印象分大增，表扬她说："别人被撂了牌子都一脸的不高兴，你倒懂规矩。"

安陵容："陵容此生能有幸进宫见到皇上太后一面，已是最大的福气。"

这时候一只蝴蝶不早不晚地落在她耳畔的海棠花上，皇上眼前一亮，心意逆转："鬓边的秋海棠不俗，皇额娘，既然她都戴着花了，就别赐花了。"

随着皇上的心意逆转，安陵容的命运也发生一百八十度的大转弯，被留牌子，赐香囊，"应聘"成功。

你看，安陵容不过是多说了两句客套话，多磨叽了一会儿，就给了蝴蝶一个飞落的机会，给了自己一个入宫的机会。

单看每一个环节，都是偶然，但很多的偶然汇集在一起，就造就了必然。

成功在于偶然的事情很多。有这样一个招聘故事，一家需招聘高级管理人才的公司，正在对一群应聘者进行复试。应聘者一个个满怀信心地回答了考官们甚为简单的提问，可当他们听到结果退出来时，无一例外都是满脸失望。轮到最后一个，和前面的几位一样，他的回答也并未成功，被婉言谢绝。其他人走出办公室时，都一脸失望，且原本彬彬有礼的他们立马松懈下来，而他依然神采奕奕，他还是表示感谢，谢过，礼貌地关上门，走在走廊上，发现干净的地毯上很不协调地扔着一个纸团。任何时候都一丝不苟的习惯使他弯腰捡起它。这时候有位戴着眼镜的老者迎面向他走来，告诉他："您好，朋友，请看看您捡起的纸团吧！"这位应聘者迟疑地打开纸团，只见上面写着："热忱欢迎您到我们公司任职。"这个小伙子并不知道，这位老者就是这间公司最大的老板，为了合适的人才，他已经在这里等候多时了，终于等到了他。

后来，这位应聘者成了一家著名大公司的总裁。

不要以为这样的故事纯属虚构，或者是很遥远的往事，就在刚刚，我的堂弟就经历了这样的应聘经历。

春节前夕，他去一家有名的房地产公司应聘 App 技术人员，面试的时候并不理想，问了几个问题他都回答得吞吞吐吐，弟弟是个只有中专学历的孩子，并没有像其他学历高的应聘者那样被拒绝后一脸失望，一拍两散愤愤然离去。从头到尾，他的脸上都充满了微笑和自信。甚至是临走的时候还对考官说："快过节了，提前给您拜个早年。"其实弟弟并没有幻想什么转机，这只是他对自己的言行举止要求。除夕之夜，尽管弟弟没有找到工作，处于失业中，比较郁闷，但他并没有失去风度和礼貌，还是心存感恩地生活，还是给每一位有缘人发个祝福的短信，其中就包括几天前那位面试官。

结果奇迹就出现了，大年初七，上班族刚刚开始上班，弟弟就收到了那位面试官的电话，邀请弟弟去他们公司做置业顾问。尽管弟弟技术上一般，但通过短暂的接触，他很欣赏弟弟为人处世的风范和做人的气度，他觉得这是一个房地产销售人员必备的素质，所以就主动给弟弟争取了一个岗位！

当然，弟弟和安陵容不一样，他没有恃宠而骄，而是靠自己的能力，现在他干得风风火火的，已经升为经理啦。

无论是求人，还是求职，当你被拒绝的时候，不要因为被拒绝就放任自己，还是要多些感恩，多点人情味，比别人多做一点，表现得好一点，再坚持一点，不要那么早地宣判自己死刑。很多时候，成功就在你坚持的下一秒。

其实，即便是当时没有机会，你的风度或者美德给人家留下这么美好的印象，日后有合适的机会，人家也会第一个想到你。你随手递给人家的名片，很快就被丢掉了，而你留在对方心里的名片却不会被忘记。你的表现就是你给别人的心底名片。你的未来如何，就看你在这张名片上的写意如何。

2 初入职场，千万要隐忍

刚入宫时，甄嬛只是个小小的常在，且还受到皇太后、皇后、华妃等各级领导的打压，后来，她竟然凭着自己的才貌，步步为营，历经重重波折后成为了皇太后。其实，和甄嬛同入宫的那一批宫女中，论背景，论长相，论才华，和她起点相同的大有人在，为什么只有甄嬛笑到最后，站在了高山之巅？就是因为她们隐忍不够而锋芒毕露，很快就成了炮灰。

甄嬛有个细心的爹，还记得进宫前的那个晚上，甄父和女儿促膝长谈，语重心长地对宝贝闺女说："你要切记，若无完全把握获得皇上恩宠，你可一定要韬光养晦，收敛锋芒，为父不指望你日后大富大贵，能宠冠六宫。"

甄嬛是个乖乖女，她很听话。进宫后，别的女人都是连吃奶的劲都使出来拼命绽放，露姿色，晒家底，拼爹拼妈拼爷爷，只有她千方百计地掩饰自己的姿色，甚至是动用私人关系吃药把身体搞坏。而那些只争朝夕的美女得瑟不几天就灰飞烟灭了，最典型的就是那个无脑的夏冬春。

和甄嬛同时招聘成功的那批菜鸟里，要论高调，那夏冬春绝对是头一号，且看她是怎么成为炮灰的：

先是从招聘会上，夏冬春出尽了风头。殿选的日子到了，体元殿前，各位白富美乘着马车，为了同一个梦想，纷至沓来，花枝招展。众美女都小心翼翼，唯独包衣左领家的小姐夏冬春逮着安陵容的闪失，弄得鸡飞狗跳，以张狂的作为第一个引起华妃的注意，成了第一只出头的小鸟，得罪了大人物。

进宫前的礼仪培训课上，她又对报喜的太监和教习姑姑出言不逊，弄得人尽皆知，失了群众基础。

好歹进宫了，她和安陵容安排同一个宫里，更是有恃无恐，同事间起了嫌隙。

收到了皇后的赏赐，竟然大声吆喝："华妃娘娘赏的东西再好，那也不如皇后娘娘的。"

在第一次见面会上，她甚至当着华妃的面说她的坏话："像华妃这样声势浩大的，做给谁看啊？"气得华妃直对她翻白眼。从这一刻起，我就知道这丫头摊上事了，摊上大事了，死定了。

果然，刚出了景仁宫门，就被华妃揪住小辫子拿下，赏了她一丈红，终身残疾。

可悲的是，她遭华妃如此毒手，却无人同情她，连皇后和皇上都认为她过于张狂，罪有应得。

看来智商和年龄真不成正比啊，她的智商恐怕连六七岁的孩童都比不上。有一次，宁嫔打听四阿哥他的学习情况，你看人家四阿哥是怎么对答如流的：

宁嫔："对了四阿哥，听说你苦读诗书，不知皇上讲的你都会不会背啊？"

四阿哥："我哪里比得上三哥？我开蒙比三哥晚，宁娘娘说我苦读，也就是我笨，所以要多花些时间罢了，否则，进书房师父要责罚的。"

甄嬛："方才你对宁嫔娘娘说，皇上说的那些书你都不会背，可前几日额娘才听你背过，而且文艺皆通，字字详熟。"

四阿哥："额娘凡事不喜张扬，儿子耳濡目染，自然明白。"

甄嬛："你很聪明，母子一脉，儿子当然像额娘了。"

连小小四阿哥都明白的事理，夏冬春竟浑然不觉，真是可怜之人必有

可气之处啊。夏冬春的命运让我想起了百灵鸟和麻雀的故事。

百灵鸟不但有曼妙的歌声，还有美丽的羽毛，它向来都是树林里的佼佼者，一直看不起其他的鸟类。

一天，百灵鸟遇到了麻雀。麻雀用它那粗笨的声音向百灵鸟问好，你好啊！

百灵鸟看着普普通通的麻雀骄傲地说道，你有什么本领，凭什么和我说话。

麻雀说道，你的优点和长处是你发挥本领的地方，你那优美的歌声确实能带来欢乐，你那华丽的外表确实能带来愉悦的心情，但它并不是你炫耀的资本。

百灵鸟不理它，独自唱着优美的歌。

歌声引来了进山捕猎的猎人，一枪把高傲的百灵鸟射死了。

不要以为夏冬春和百灵鸟离你的生活很遥远，其实，他就在你身边。有这样一位职场"夏冬春"，他是个大学毕业生，还是个关系户，尽管大老板给打了招呼，但最终的决定权还在部门经理那里，当这位经理问这位毕业生的职业规划时，这位极品立马来了劲，像入党宣誓一样大声吆喝："我要一年之内升为主管，二年成为经理，三年成为总监，四年成为董事会成员。"没等他嘚嘚完，这位经理对他说："你可以走了。"

这些童话的和真实的故事，都在告诉我们一个道理：枪打出头鸟，做人要低调一点的才好。尤其是初涉职场的新人，为人千万千万要低调啊。

3 守住自己的本分很重要

在后宫想要安身立命图发展，会算计是一回事，安分守己是另一回事。如果时机未到，功利熏心，不安分守己，只能是算来算去算自己。

在职场上，无论你是领导，还是员工。安分守己，日子才能好过。守不住自己的本分，通常死都死得很难看。

三阿哥总想着上位，年羹尧总想着控制皇上，皇后想着干涉朝政，华妃总想着取代皇后，浣碧总想着压住姐姐的风头，这就是不安分守己的表现，到最后，不都死翘翘了？

咱就细说说那个浣碧吧，此女不安分守己到令人恶心的地步。私生子，罪臣之后。跟着姐姐进宫，却一心想出风头，想达到姐姐那个高度，先是挖空心思引皇上注意，再出卖姐姐和曹贵人勾结，又私下结交果郡王，她见皇上确实对她不感冒，转而瞄准了果郡王，通过狠毒的手段让果郡王在公众场合掉出装小像的荷包，果郡王不得不娶她。后来成了侧福晋也不安生，总想和孟静娴争个高低，最后还不是一头撞死了？假使她安分守己，以甄嬛对她的情分，一定会为她张罗一门好婚事，其结局自然也不会比玉娆差吧？

你看人家崔槿汐和苏培盛两口子，就是安分守己的最佳教材。做好本职工作，安分守己，没有那些歪点子野路子，没有非分之想，反而爱情事业双丰收。

在一期禅学季刊上，蔡志忠先生有一段话讲得很好。他说："自己是什么就做什么；是西瓜就做西瓜，是冬瓜就做冬瓜，是苹果就做苹果；冬瓜不必羡慕西瓜，西瓜也不必嫉妒苹果……"我认为这几句话说得很好。这虽然是他个人的夫子之道，却也道出了蔡先生成为一个成功的、闪烁性灵的漫画家的内因。对于有功利心或是平常心的职场中人，也不失一种精神布施。

安分守己是最基本的为人之道，无论做人还是做事，皆是如此。

技不如人只能安分守己

生活中总是有这样一些人，他们对自己平庸的上司感到不满，怨天尤人，即使自己的领导很好，他们也不会感到满意。他们比常人有着强烈的逆反心理。有的人是下属，可是，他们有的时候做事不知道安分守己，总是超越自己的职位和权利做事，结果白白断送了自己的前程。

安分守己就是一种自知之明。在日常生活中，下级服从上级是理所应当的事情，也是人们日常工作和生活的必需。开始，生活中就是有这样一

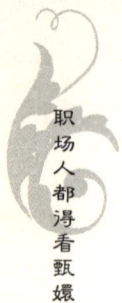

种人，他们对比自己强的人不服气，总是不老实，不安分守己，总想做出点让对方难堪的事情。结果，自己受到了巨大的损失。这就是自不量力的表现。

安分守己可以保全自己

汉武帝的时候，河间的刘德来到长安拜见皇帝。刘德当时的穿衣打扮和言谈举止都很规矩，并且也很有王者的风范和威仪。不过，这不但没有让汉武帝喜欢他，反而让汉武帝对他心生不悦。汉武帝虽然表面上很欣赏他的这身装束，其实内心很不高兴。

汉武帝对刘德说："当年汤武争天下的时候，他的地盘不过是七十里地，而文王造反的时候，他的地盘也不过百里，但他却能够凭借那百里地盘争得了天下。如今你的地盘比他们当初的地盘大多了，你就好好干吧！"

听了汉武帝的话，刘德吓出了一身冷汗，他忽然意识到自己已经犯了一个严重的错误，那就是在汉武帝的面前，他应该表现的是一个安分守己的臣子形象，而不是有争夺天下野心的人。自从刘德回去以后，便整日地沉溺于酒色，整天无所事事，表现出自己是胸无大志的人，意在用此告诉武帝，这下你满意了吧，放心了吧！我不过是一个贪恋酒色的人，怎么可以同汤武和文王相提并论呢？

从这里就可以看出，一个人在强者的手下要想让自己保全，就应该做一个安分守己、兢兢业业的人，而不是做一个到处展现自己才能的人。

安分守己的福报才是真福报

纪晓岚在《阅微草堂笔记》中记载一个故事，有一个人在夜晚听到房门外有声音，于是点起蜡烛，问："你到底是鬼还是狐狸？"

外面的声音说："是狐狸也是鬼。我本来是狐狸，被我的同类害死了，我现在是狐狸鬼，所以说亦狐亦鬼。"

这个人不怕，继续问："你为什么不到城隍土地那里去告状？"

狐狸鬼说："我不敢去，去了也没用。"

这个人又说："你同类把你害死了，为什么告状没用？"

狐狸鬼说："狐狸要修炼成人要炼丹。如果这个丹完全是靠自己的力量炼成，任何人也抢不去；如果是曾经伤害过很多人的性命才炼成的丹，别人就可以抢去。我这个丹是过去采阴补阳，害死了不少人而炼成的，我要是一告发，自己的罪业就不得了，所以我不敢去告状。"

这个人又问："那你为什么跑到这里来找我？"

狐狸鬼说："你的阳气很盛，希望你搬远一点，我们彼此不相妨害。"

这个人第二天就搬到外面一个房间，与它隔远一点儿。

纪晓岚对这一段故事的评语，说得很有道理。真正是自己修成的，这是自己的福报，别人夺不去；用其他手段抢来的，不是自己修的福，别人能抢去。因此，这个狐狸不守本分得来的，还是会失去；自己守本分苦练成的，则不会失去。我们想想，这个世间有多少福报是自己安分守己修来的啊？这样途径修来的福才是长久的福。而那种通过歪门邪道投机取巧得来的福只是镜花水月，转瞬即逝。

如果一个人放弃了自己的本分，忽略了自己的角色，而去痴心、妄想、羡慕或嫉妒别人，所得到的除了烦恼和人生的负值之外，只有迷失。

当然，安分守己并不等于不思进取，安于现状，而是不出轨，不越位，做好手头事分内事，积蓄力量，等到时机成熟时，再厚积薄发，水到渠成。

4 上善若水，不争的智慧

甄嬛读过《道德经》吗？我猜她一定读过，且不止读了一遍。要不，她怎么能把上善若水的品质演绎得如此炉火纯青？

《甄嬛传》，说到底，就是一群你争我夺的庸脂俗粉和一个上善若水的极品女子顺势而为竞争的故事，若是能穿越到现在，甄嬛也是个能上福布斯排行榜的女富豪了。

如若性格决定命运，那甄嬛的性格就是冰雪样的聪明，水样的飘逸，不争。甄嬛最不愿意争，偏偏她得到的最多。

妙音娘子余氏能争能抢能偷能盗，结果，还不是乖乖给甄嬛还回来了？

她先是在倚梅园盗了甄嬛的诗词，冒名顶替，得了个官女子，靠着自己的才艺又混到答应。可是过于张扬，还是自取灭亡了。倒是甄嬛，一直装病，佯装成幽居无宠的常在，却不费吹灰之力，未曾侍寝就被皇上打破惯例晋身为贵人。

别的女人被封为贵人，都乐得屁颠屁颠的，她却婉言谢绝：臣妾一与社稷无功，二与龙脉无助，实在不敢领受皇上天恩。

可是这样的女人皇上喜欢，朕说你当得起，你就必然当得起。

菀贵人在说起十七爷时也说，有时候不争，比能争会争之人有福多了。

不为而为，不争而得，这才是最高的智慧。

泱泱中华民族几千年，历代皇帝都留下了许多记载。而大禹却是不能不说的一位。大禹将国家划分为九州，即九个区域。所以古代中国又称为九州，即是从那时流传下的。相传当时水患严重，整个大地泡在洪水之中。而大禹在舜手下做事，看到这种情景，心急如焚，下决心治理水患。于是，他全身心地投入治理水患的事业当中，全然不考虑个人的得失。为了治水，他"三过家门而不入"。最终，大禹用了九年的时间，把大小水利工程修好，变堵塞为疏导，使黄河长江听从人意，不遭水患。在这期间，大禹默默地兴修水利，从不争功邀赏。后来，舜准备将统治权禅让给大禹，私下征求地方首长的意见，大家一致秘密民主推举大禹。舜要求大禹具备三个条件，一是"作之君"，做人民的领袖。二是"作之亲"，变成人民父母。三是"作之师"，就是人民师长。而大禹都具备了。舜终于把皇位禅让给大禹，并告诫大禹，"汝唯不矜，天下莫与汝争能。汝唯不伐，天下莫与汝争功。"翻译成今天的白话文就是，只要你不骄傲，不争不抢，大家永远佩服你。大禹继承位之后，不敢懈怠，"巡守江南"。

甄嬛和大禹的故事给我们的启发就是老子在他的《道德经》第二十二章中说过的一句话，"夫唯不争，故天下莫能与之争。"用今天的话讲，是说"正因为与人无争，所以天下没有人能与之相争"。老子在这里以精辟的语言，道出了埋头做事、辛勤耕耘、以退为进、保持良好心态的道理。

常常听到身边的一些人感慨，如今的社会浮躁，人心浮躁，做事更浮躁。"天下熙熙，皆为利来；天下攘攘，皆为利往。"能沉下心来踏踏实实做学问的人不多了，能静下心来认真反思自我的人也不多了。男女老少总是自我感觉良好，总是在那里批讲这个，点评那个，吃不着葡萄反说葡萄酸。为了生存，人们争来争去，考大学要争，考公务员要争，做生意要争，找对象要争，当官更要争，甚至为了一官半职，争来争去，不惜违背做人的原则。用这些人的话说，不争就没有饭吃，不争就没有优越的待遇，不争就没有办法活下去。生在一个人满为患的社会，生在一个竞争激烈的社会，怎么能衣来伸手、饭来张口？怎么能袖手旁观、逍遥自在？

不能说此话没有道理。没有竞争，人类就不能发展，社会就不能进步。没有竞争，就会死水一潭。一切都要通过竞争得以实现。但是，事情都有两面性，还应当从另外的角度去思考。人生在世，谁都希望干一番事业，展示自己的才华和能力。这是人性之使然，无可厚非。但是这个竞争应当是有序竞争，而不是无序竞争，其核心是德行的竞争、能力的竞争、学识的竞争、素质的竞争，而且是公开、公平、公正、平等的竞争。

表现在具体工作和生活中，"争"需要辩证地去理解。我们要争的是平和的心态、勤奋的工作、踏实的精神、质朴的作风、不懈的努力和成绩的积累。我们争的是不自以为是，不自我显露，不自我夸耀，不自以为贤能，把名利、金钱、地位摆在合适的位置，不唯此是瞻。在别人争名夺利的时候，我们不事声张，默默工作；在人家钩心斗角的时候，我们与世无争，置身事外。当一个人什么都不计较、什么都不在乎的时候，世界上还会有什么事物能羁绊他呢？还会有什么能扰乱他的心呢？正所谓，无欲则刚。

所以，无论学识、感情，还是地位、名利，刻意地去经营和付出，并不一定能带来丰硕的回报。欲望越多，烦恼越多，失去的也会越多。反之，心似白云，意如流水，放开胸怀，不计得失，从身边一点一滴的小事做起，大大小小的机会从不放过，积少成多，日积月累，就会终有所成。

一句话，争是不争，不争是争。个是不争，平日之争。唯其不争大智慧，天下莫能与之争。

5 小心驶得万年船，捂紧你的隐私

甄嬛装病的时候，连自己的闺蜜都瞒着。浣碧不解，问她：只是小主，为何连沈贵人和安答应也瞒着？

甄嬛：正因我与她们情同姐妹，才不能告诉。凡事都有个万一，万一他日事发，也不至于连累她们。

有些事情，不让别人知道，一方面是保护自己，另一方面也是保护他人。

比如老实巴交的温太医，一向谨慎，就因为一时疏忽，竟然被江氏两兄弟盗去了科研成果，侵犯了知识产权，关键时候坏了心爱的女人大事，没有扳倒华妃，反而被华妃利用。

所以，混职场，哪些事情可以让人知道，哪些事情打死都不能让人知道，一定要心中有数。职场就是利益场，有时候，极其细小的一件事就有可能成为别人伤害你的利剑。

张扬和李岗是一家著名的会计公司的同事，虽然家境不同（张扬家境富裕，李岗家境贫寒），两个人却因为共同的爱好成为了知己。

因为读大学，家里为李岗借了许多债，他就悄悄找了一份兼职，帮一家小公司管理财务。张扬发现他下班后也忙得不可开交，一问，李岗就把自己做兼职的事情告诉了张扬。

公司每年都会选派一名优秀员工到一家著名的商学院培训。根据选派条件，张扬和李岗都被列进了候选人名单。张扬对李岗说："要是我俩都能去该多好啊。"李岗说："但愿如此。"

结果张扬脱颖而出，成为公司那年唯一选派的培训员工。李岗很失落，他非常想获得这次培训的机会，于是找老板，请求也参加这次培训。

老板看了李岗一会儿，冷笑着说："你太忙了，就免了吧。"

李岗急忙说："我手头上的项目，我会尽快完成的。"

老板沉下脸来说："那家小公司怎么办，谁来管理财务？"

李岗立即愣住了，他一时搞不明白老板怎么知道他兼职的事。他本能地辩解说："我兼职是有原因的，这并没有影响我在公司的工作……"

老板打断李岗的话："好了，你忙你的去吧，我还有事。"说着冲李岗摆摆手。李岗只好灰溜溜地离开。

"你太忙了"——李岗没想到这句话会成为阻止他培训的理由。

可老板怎么知道兼职的事情呢？这件事那小公司是绝对保密的，他也只告诉过张扬一个人。李岗越想越心酸，他没想到自己一直视作知己的张扬会出卖他！

在这一个案中，李岗在外面做兼职算是属于高级机密了，像这个级别的隐私，再好的同事都不应该告诉的。和这类隐私比起来，女员工怀孕根本算不上什么隐私吧，这又不是在宫里。在宫里，一般有脑子的妃嫔们怀孕的消息一定会封锁的，不会到处宣扬。因为怀孕意味着繁衍子嗣，对其他嫔妃的威胁性就增加了，会引起皇后或者华妃们的群攻。在职场上，怀孕这样的小事看起来没有必要隐瞒的。其实，也不尽然，有时候貌似无所谓的日常小事也会成为问题。

小蒋和王鑫既是同事，又是老乡，也是工作上的搭档，两人关系很好，小蒋已婚，王鑫比她小几岁，未婚，所以小蒋一直像大姐姐一样照顾她。当小蒋确定自己怀孕时，就与王鑫分享这个喜讯。王鑫一开始也很为她高兴，经常给她带一些好吃的干果水果。

当小蒋怀孕快三个月时，所在的公司因管理不善倒闭了，她和王鑫二人都得重新找工作。小蒋从报上得知一家大公司招两个她们这行业的人，便约了王鑫一同去面试。当时负责招聘的部门主管听说她们是旧同事时，还用奇怪的眼光看了她俩一眼。

第二天，小蒋就接到了那个主管的电话，要她去上班，怀孕的女人找工作是不容易的，所以小蒋高兴地告诉了她的小老乡。

可是，等她去报到时，主管却问："你是不是已经怀孕了？"小蒋一愣："您是怎么知道的？"主管说："你那个同来面试的同事刚打电话来说的。如果我不知道这事也就罢了，但现在我知道了，就只能向你说声抱歉，我不想我的人进来半年就要休产假。"小蒋这才知道她一直信任的姐妹在背后捅了她一刀，心里说不清是愤怒还是悲哀。那位主管侃侃而谈："我当时就奇怪你们俩怎么同时来应聘，要知道这是竞争啊！她这种人，我不会要了；你如果生完小孩后还想来，可以再找我。"

我相信，小蒋当初把怀孕的消息告诉王鑫时，并没有意识到这会是一件危险的事，的确，若不是赶上她们公司倒闭又重新找工作，这的确也不算大事。我也相信，王鑫一开始听到这个消息时，也并没有把这个当作对付小蒋的武器。只是，世事无常，人心易变，不到考验的关头，谁也说不准自己会发生什么变化。

不小心说漏了嘴，被同事出卖的案例很多，而同事因为知道你的隐私，而受牵连被祸害的故事也时而有之。在古代官场上，同僚中一人被查，其他和他关系近的人也跟着受连累，被罢官革职，就是因为知道了朋友的隐私。所以甄嬛的顾虑是周全的。这一点那些职场大嘴巴和窥探狂要注意了。

6 细节决定命运是常有的事

在后宫职场，细节决定成败、细节决定生死是家常便饭。很多人成功，就胜在细节，安陵容引得皇上宠爱，就是打扮上注意细节，靠甄嬛往她头上插了一朵海棠花。她第一次侍寝失败，再次宠幸，也是被甄嬛细致入微地包装才入了皇上的法眼。

很多人遭殃，失败，原因也是出在细节上。在皇宫里做事，毛手毛脚，不认真、不细致的货多半不是哑巴亏吃到死，就是一顿板子挨下来睁眼到了阎罗殿。苏培盛在七十多集里就打了一个盹儿，掉了一块璎珞，就被送进慎刑司进修了三个月。甄嬛和皇上闹掰，也就是因为一着不慎，穿错了衣服。而她的父亲甄远道也无非是从二手市场淘来一本破诗集，连累老婆孩子被流放到宁古塔。

所以，在后宫里头行事，没有例行公事一说，再熟悉不过的工作内容也得反复核查。因为一个错有可能是一条人命，如果胆敢敷衍了事，你家三代以内的小命都有可能保不住了。

这样的法则同样适用于现实生活。

在西方，流传着这样一首民谣：

> 丢失一颗钉子，坏了一只蹄铁；
>
> 坏了一只蹄铁，折了一匹战马；
>
> 折了一匹战马，伤了一位骑士；
>
> 伤了一位骑士，输了一场战斗；
>
> 输了一场战斗，亡了一个帝国。

这个童谣一点也不夸张，源自于历史上一场著名的战争。

那是查理三世统治时期，为了争夺权力，里奇蒙德伯爵亨利带领的军队迎面扑来，查理三世准备拼死一战。

战斗前的早上，查理派了一个马夫去备好自己最喜欢的战马。

"快点给它钉掌，"马夫对铁匠说，"国王要骑着它打头阵。"

"你得等等，"铁匠回答，"我前几天给国王全军的马都钉了掌，现在我得找点儿铁片来。"

"我等不及了。"马夫不耐烦地叫道，"国王的敌人正在推进，我们必须在战场上迎头痛击敌兵，有什么你就用什么吧。"

铁匠埋头干活，从一根铁条上弄下四个马掌，把它们砸平、整形、固定在马蹄上，然后开始钉钉子。钉了三个掌后，他发现没有钉子来钉第四个掌了。

"我需要一两颗钉子，"他说，"得需要点儿时间砸出两颗。"

"我告诉过你我等不及了，"马夫急切地说，"我听见军号了，你能不能凑合？"

"我能把马掌钉上，但是不能像其他几个那么牢实。"

"能不能挂住？"马夫问。

"应该能，"铁匠回答，"但我没把握。"

"好吧，就这样，"马夫叫道，"快点，要不然国王会怪罪到咱们俩头上的。"

两军相遇了，查理国王冲锋陷阵，鞭策士兵迎战敌人。"冲啊，冲啊！"他喊着，率领部队冲向敌阵。远远的，他看见战场另一头几个自己的士兵退却了。如果别人看见他们这样，也会后退的，所以查理策马扬鞭冲向那个缺口，召唤士兵调头战斗。

他还没走到一半，一只马掌掉了，战马跌翻在地，查理也被掀在地上。

国王还没有再抓住缰绳，惊恐的战马就跳起来逃走了。查理环顾四周，他的士兵们纷纷转身撤退，敌人的军队包围了上来。

他在空中挥舞宝剑，"马！"他喊道，"一匹马，我的国家倾覆就因为这一匹马。"

他没有马骑了，他的军队已经分崩离析，士兵们自顾不暇。不一会儿，敌军俘获了查理，战斗结束了。

这就是童谣的来历。与之类似的还有船主和油漆的故事：

有个船主，让漆工给船涂漆。漆工涂好船后，顺便将船上的漏洞补好了。过了不久，船主给漆工送了一大笔钱。漆工说："工钱已经给过了。"船主说："这是感谢你补船漏洞的钱。"漆工说："那是顺便补的。"船主说："当得知我的孩子们驾船出海，我就知道他们回不来了。因为船上有漏洞，现在他们却平安归来，所以我感谢你！"

一个钉子可以左右一场战争！补上漏洞可以救几条性命！不要以为这样的桥段是剧情发展的需要，生活中这样的教训比比皆是。老子说"天下大事，必作于细"，意思是天下的大事都是从细小的地方一步步形成的。只要你留意细节，就能成全自己，扳倒对手，最终胜出。

宋代的米芾是个大画家，专爱收集古画，相传甚至到了不择手段的程度。他在汴梁城闲逛时，只要发现有人在卖古画，总会立即上前细细观赏，有时还会要求卖画者让他把画带回去看看。卖画者认得他是当朝名臣，也就放心地把画交给了他，他便连夜复制一幅假画，第二天将假画还去而将真画留下。由于他极善临摹，那假画的确足以乱真，故此他得到不少名人真迹。

一日，当他又用此法将自己临摹的一幅足以乱真的假画还去时，画主人却说了一句："大人且莫玩笑，请将真画还我！"米芾大惊，问道："此言何意？"那人回答："我的画上有个小牧童，那小牧童的眼里有个牛的影子，您的画上没有。"米芾听罢，这才叫苦不迭。

上述这个极易被人忽略的小牧童眼里牛的影子，就是细节，而一向"稳操胜券"的米芾，也正是"栽"在眼中的牛这个小小的细节上。

再牢的谎言，也经不住天眼，这个天眼，就是细节。关注细节，就能提高自己的防御能力，增强自己的职场竞争力。

7 不往自己喝水的井里吐痰

宫里的太监宫女们，没少跟着主子干坏事，但其中也有可圈可点的地方，那就是她们忠于职守，向着主子说话，"不往自己喝水的井里吐痰"。比如剪秋之于皇后，颂芝之于华妃，流朱之于甄嬛，彩月之于眉庄，宝鹃之于安陵容……偶有茯苓那样的败类，毕竟为数不多，况且也没得好死。

"不要往自己喝水的井里吐痰！"对于公司的员工，这同样是一种最基本的职业道德要求。无论你是公司的一名普通员工，还是某个机构的一个职员，对于你所在的组织，你都不要诽谤它，不要伤害它，因为轻视自己所就职的机构就等于轻视你自己。你伤害自己就职的公司就是在断送自己的前途。就像宫里头的金牌员工崔槿汐对苏培盛所说的那样："只有主子得宠，咱们当奴才的才有好日子过。"

每个员工都应该明白这样的道理：只有企业发展壮大了，你个人才能够有更大的发展空间。只有企业盈利了，你的工资和奖金才能得到相应的提高，如果没有企业的快速发展和利润的增加，哪里有你的丰厚报酬？所以，公司的发展就是你的发展，老板的日子好过你的日子就会得到改善。

有一位中国教授在日本进行访问的时候，他的一个日本朋友带着夫人来到他住的地方拜访。在客厅聊天的时候，中国教授喋喋不休地抱怨国内

的教育体制存在缺陷，学校的管理体制有弊端，校长的管理水平太差等等。那位日本朋友的夫人突然问了教授这么一句话："为什么你不看索尼牌的电视？"教授看的电视是东芝牌。教授笑了笑，没有解释，他觉得这个问题太多此一举了。那位夫人又接着说："我们索尼电视很棒啊！"教授恍然大悟，这才知道，原来她是索尼公司的员工。其实，她在索尼公司不算是一个优秀的员工，做的就是很普通的工作，既不是主管也不是高层管理人员，但她看到别人看的电视不是索尼牌的，她就会说出这些话来，因为她一直都有维护自己企业形象的意识。她觉得索尼公司的产品是最棒的，并以自己能在索尼工作而感到骄傲。教授的脸马上红了。

其实，日本人都有这个习惯，都认为自己所任职的公司是最优秀的公司，所以他们对于自己公司的品牌维护得很好，如果看到有人使用的物品不是自己公司的牌子时都会问一问。如果你拿个佳能的照相机出去，恰巧被一名尼康公司的员工看到了，你大概也会被问到为什么不用尼康的照相机，这就是永远维护企业形象的意识。

维护公司利益和维护企业形象是国外企业文化的核心内容，我接触到很多跨国公司的员工，他们无论在公司做什么工作，都有一个共同点，那就是一谈到自己供职的公司总是充满信心和自豪，为自己能够成为这个公司的一员感到光荣。他们也有从这个公司跳槽到另外一个公司的现象，但是，当谈到以往就职的公司，他们也总是表现出对公司和公司老板的敬意。这不能不说是一种令人尊重的历练和职业操守！

而国内的职场状况就完全不是这样了，说起自己的行业，个个都垂头丧气。提及自己的单位，个个都巴不得马上倒闭，想起自己的老板，个个都恨得咬牙切齿。我一直很纳闷职场人的这种心理，仿佛企业倒闭了，他们就可以飞黄腾达了；老板倒霉了，他们就能一步登天了。事实当然不是如此。他们的命运只会比企业、老板更惨。

某通讯公司的打印机由于用的时间太久，坏掉了。总经理让秘书再买一台新的，于是秘书选择了一家专门生产办公器材的公司，让他们送货上门。

第二天，那家公司就派员工小马将打印机送到了。总经理突然想起，需要再添置几台新的传真机，于是他就想，干脆一事不烦二主，全部在那家公司买了算了。

就在总经理正想去跟送货员小马订货时，听到了小马和经理秘书在闲谈，小马说了这么几句话：

"现在干业务真不容易，我们公司可烦人了，老板天天催我们出货不说吧，还老是瞎指派，工资特低……"

听到这里，总经理眉头一皱，顿时没有了订传真机的想法。

因为那家经营办公器材的公司像小马这样的员工太多，很快就倒闭了，老板有资金啊，换了个行业换了个办公地方换了一批人，人家照样还是老板，可是小马就惨了。他得重新找工作，每次面试人家都问他辞职原因，他都说那家公司没前途，老板不好。他面试了很多家，没有一家愿意雇佣他。前不久刚在一家快递公司做了快递员，我问他现在累不累啊，他说，还不如上家呢。

所以，无论你从事什么行业，在什么单位，要干就好好干，把自己当老板。最好要有这种心态：老板虐你千万遍，你爱老板如初恋。你一定要把公司作为自己的家，作为自己衣食所需、精神所托的地方。要不就爽快地离开，千万不要抱怨、诋毁。

8 心直口快，只会带你直奔"断头台"

纵观天下职场，直来直去的员工大多没有好下场。

这是我看《甄嬛传》第二十二集时做出的结论。

一部《甄嬛传》，皇上有三宫六院，嫔妃无数，个个心机颇深，九曲心肠，但就在这幕僚重重中，还真有一个特别的另类，她就是淳贵人。人如其名，她是真淳，且淳得过了头。这个女子没心没肺，眼大无脑，心直口快，有啥说啥，整个儿就一个传话筒、大喇叭，说话向来不分轻重，天大的玄机她也敢"捅"出来。每次看她出场，我都把心提到嗓子眼儿，不知道这孩

子又"捅"出什么二百五的话、泄露出什么天大的机密来给她至爱的"菀姐姐"惹是生非。

就比如第二十二集，彼时淳贵人正在皇上的兴头上，她前夜刚侍寝，抱着一大堆皇上赏赐的胭脂水粉跑到菀姐姐那里"摆活"，恰逢安答应也在。淳贵人把头一天晚上侍寝的细节一五一十地全抖搂出来，甚至于皇上的寝衣。菀贵人见势不妙（甄嬛和安陵容同时给皇上做了件金龙刺绣的寝衣，万一让安陵容知道皇上偏爱甄嬛做的那件，安陵容必然不悦），遂赶紧制止。可傻天真的淳贵人哪里懂得菀姐姐的心思啊，她继续"爆料"，把皇上脱下"金龙出云"换上"二龙抢珠"的细节都说出来了。安陵容的脸一下子拉下来了。

而没心没肺的淳贵人并没有意识到安陵容挂在脸上的语言，继续"爆料"：

"皇上还说了，他特别喜欢'二龙抢珠'上的料子，说就得这样才贴心和舒服呢。"

"皇上还说，什么人做什么衣服，朕心里有数。"

更要命的是，她还把自己的意见也晒出来了："我说，那是不是那件'金龙出云'太小家子气了？皇上不喜欢。定是绣院的绣娘们做的。"

甄嬛知道这娄子捅得太大了，径直劝阻她："别胡说，皇上喜欢你，也不能老这样口无遮拦的。"

照旧还是堵不上不知天高地厚的淳贵人的嘴，她继续发表自己的看法：

"我只是觉得一条龙孤孤单单地盘在云里，有什么好呀，干吗不找个伴儿呢？"

看着她一脸真萌不是装萌的神色，我和她的菀姐姐一样大惊失色，更不用说安答应了，这位敏感多疑小心眼儿的小主儿肺都气炸了！脸都憋绿了！瞬间石化了！

这位淳贵人到死都不明白，她这几句话给大家伙造成的恶果：

安陵容心情不爽，回去把宫女菊青给打了。

安陵容把甄嬛往死里嫉恨，往死里整。

当然，她自己树敌无数自不用说了，要不，她能那么早夭亡了吗？

所以，心直口快的人，从他们嘴里说出来的话根本不是话，而是喷出的"利剑"，这"利剑"伤人，也害己，你以"利剑"伤人，别人势必还你以"尖刀"。

其实，无论古时还是今日，因心直口快，说话不经大脑，因为一句话丢官甚至丢命的，大有人在。在宋朝，就有这么一位，他的名字叫寇准。

寇准的前半生是顺风顺水平步青云，他19岁考中进士，20岁当上县令。由于工作努力，恪尽职守，先后升任盐铁判官、尚书虞部郎中、枢密院直学士，最后在宋真宗景德元年拜相。其时正值北宋的宿敌辽朝大举南侵，一殿君臣闻风丧胆，商议弃京逃难，寇准力排众议，坚决要求皇帝亲征，从重打击侵略者。最后皇帝勉强采纳了他的意见。这场战争辽朝没占到便宜，而宋真宗本人也无甚大志，于是双方签订了著名的"澶渊之盟"。此役以后，寇准名动朝野，深受真宗信任。后来，王钦若嫉妒寇准的权势，向真宗挑唆说，陛下以为寇准是忠臣吗？他不过是以陛下您的生命作为赌注，成就他自己的私名啊。真宗被这话一蛊惑，出了一身汗，于是贬了寇准的官。

王钦若何许人？他和寇准有何过节？其实寇准就是因为心直口快才和王钦若结下梁子的。

在辽军大举南下之际，王钦若时任参知政事，他向皇帝建议弃城南逃。宋真宗于是在上朝时征询寇准的意见，寇准一听，立即刨根究底追问是谁提这种建议。宋真宗让他只断可否，不要追问是谁的意见，可寇准却不依不饶，咬牙切齿地说："把献策的人斩首祭旗，然后北上迎敌！"王钦若当时列班在朝，吓得脸色发绿，于是对寇准怀恨在心。其实，逃跑虽然是馊主意，但是当时的朝廷上持这种心态的人并不少，签署枢密院事的陈尧叟也规劝皇帝逃跑。其实寇准的原意只想吓唬吓唬投降派，鼓舞士气，但一没有考虑到持这种逃跑路线的大有人在，二没有考虑到皇帝其实也畏惧辽兵势大，三没有考虑到提这种建议的往往是皇帝的亲信。因此，他只管自说自话，不知不觉把一群人得罪了。

我以为，这事要是摊在甄嬛身上，她一定不会这么处理，她会换种方式表达自己坚持抗战的主张，她会坚决地否定逃跑，周密地分析敌我形势，申之以大义，晓之以利害，动之以情理，一样也可以达到否定逃跑、鼓舞士气的目的。

其实，所谓心直口快，文艺一点说是：纯洁；客气一点说是：直爽；直白一点说就是：二百五，甚至还可以更难听一点，我就不说了，你懂的。从根儿上说，心直口快是心智不成熟、不谙人情世故的表现。一个不通人情世故的人，在人世里辗转，该有多么悲惨？说到这里，我突然想起《红楼梦》第五回里有这么一副对联："世事洞明皆学问，人情练达即文章。"我不知晓这副对联是不是曹大人的原创，但这副对联在他书中得以流传，自有他对其蕴含深意的刻骨理解。曹雪芹是一个落魄文人，他付出了清贫一生的代价，终于体会到人情和世事比胸中的墨水重要。

所以，无论你身处何种圈子、何种场合，无论你身居何种职位，同什么人打交道，不通人情世故，心直口快，都会因为树敌无数而成为那个四面楚歌的，"挨千刀的"，不知不觉中把自己送上"断头台"的。这样的下场，呜呼，哀哉！想必不是诸位想要的，那就请您以尽快的速度改掉心直口快，做到"心曲口慢"。

9 只要能学到真本事，眼前的苦不算苦

沈眉庄比皇后聪明多了，同样是在华妃那里受了恶气，但沈眉庄三缄其口。

华妃嫌她不听话，且受不了皇上让她学着协理六宫之事，就借机整她。那一日，华妃被她身边的搅屎棍颂芝撺掇得气又不顺，就以协理六宫为由，让惠贵人过来抄写后宫账簿，黑灯瞎火的，第一次抄写完，华妃嫌弃不好，于是又灭掉两盏灯，打着节俭的旗号，沈眉庄只好忍，又各抄了两遍，堵住了华妃的嘴巴。

出来后，她的侍女采月替主子鸣不平。

采月："华妃娘娘分明是为难小主，那个账簿上全是数，又故意把灯点得那么暗，写完一遍还不算，小主把眼睛都熬红了。"

惠贵人："那有什么办法，她是华妃呀。"

采月："小主就不能告诉皇上吗？"

惠贵人："她借着皇上的旨意要调教我，我若告诉皇上，皇上就算帮我，以后还能让我学着协理六宫吗？既然得不偿失，我就不会做。"

人家忍得住羞辱，不意气用事，获得了学习的机会。尽管其后惠贵人混得不好，但是她对皇上不感冒，自愿放弃了，若她鸡头白脸地相争，甄嬛未必斗得过她。

在职场上，无论新员工还是老员工，都应当有这样的信仰：只要能学到东西，眼前的苦不算苦，眼前的黑不算黑。再苦再难也要坚持，再窝囊再生气也要憋回去。因为学习和提高的机会很难得。一旦有学习的路子，就要像爬山虎一样死命地贴在墙身上，即使是同事整你，主管压迫你，老板贬你，都在所不惜。终有一天，你会因为你的忍辱而得到好报。一旦你学到真本事，枝繁叶茂把整个楼体都包围，他们都要求着你荫庇呢。

艳艳是某旅游杂志社上下公认的美女主管，又是老员工，在该公司真是享尽了"荣华富贵"，受尽了恩宠，日子过得那叫一个滋润。今年春天，她负责的发行部招聘来一个比她漂亮的女孩子，叫小凡。在美丽的道场上，天下女人都是同行冤家。一个美女是绝对不允许另一个比她还年轻的美女在自己眼皮子底下活跃的。尽管碍于老板的面子，艳艳不敢像华妃那样做出多大动静，但时不时给新来的小凡穿小鞋还是敢的。小凡这女孩别看个头小，但心脏却很大，无论给她安排什么活，她都又快又好地完成，包括那些去远郊的报亭查看杂志的摆放情况，她都是乖乖地去。反正艳艳同学就把握一点，凡是需要抛头露面出力不讨好的活，都交给她。

就这样持续了半年，艳艳也没把这小妮子整垮，实在耗不过了，就想方设法把她弄走。在得知当时恰好品推部缺人后，艳艳就找借口请求主任把小凡调到品推部。谁都知道，品推部的工资最低，不是关键部门，还整天要跑出去和各大媒体拉关系搞合作，尽看人脸色呢。要好的同学朋友都在惋惜小凡刚入职就受这种遭遇，小凡却莞尔一笑说：只要能锻炼，哪里都一样。

在品推部，小凡也兢兢业业，做得很出色。她先是从地方电视台的旅游栏目寻找突破，不停拓展，直至最后和央视旅游卫视达成了合作。回顾自己三年的成长，小凡对姐妹们说："在发行部的时候，跑动比较多，和市场接触较深。而在品推部工作，接触媒体和客户的机会比较多，由于我既熟悉发行市场的行情，又了解客户的需求，我把整理来的信息反馈给编辑部门，我们的杂志不仅读者满意，客户也满意，广告销售自然也一路飙升！"

现在的小凡可比艳艳风光多了，她成了社长助理，成了杂志社的红人、美人加能人。若是没有艳艳当初的"虐待"，哪有她今日的风光啊。

其实从古到今，因为被虐待而得福的事例很多很多，不信你可以回想一下。这些年你看过的武侠剧，剧中男一号的绝世神功都是怎么炼成的？其套路都是这样：穷小子被杀父仇人追杀，一不小心跌进深渊陷阱什么的，忽然在里面发现一本秘籍或者无字天书之类，琢磨来琢磨去就琢磨出一套盖世奇功，可以独步武林打遍天下无敌手。想想，若是没有仇人那一路追杀，一推手或者一踢脚，如何练就这一身功夫？所以，从某种程度上来说，虐待就是青睐，吃亏就是占便宜。对于一切学习的机会，都不容放过。

10 要学习"郑伯克段于鄢"

我没看过《左传》，跟着甄嬛启蒙了，缘于《甄嬛传》第二十八集。

这有个前因，电视剧是这么演的：那一夜，皇后头风发作，召集所有嫔妃连夜侍疾。嫔妃宫女吩咐下人遍寻太医，结果太医院所有太医均被年羹尧召集出宫给他的太太治病去了。

所有人都信以为真，唯独两个人不信，一个是甄嬛，另一个就是皇上。在找温太医核实太医院的布置情况后，甄嬛主意已定，对崔槿汐说："皇后娘娘克己复礼也罢，醉翁之意不在酒也罢，既然咱们与皇后娘娘同心同德，就不得不顺水推舟了。"这个顺水推舟，就是助长年羹尧和华妃的气焰，多给他们提供机会，由着他们兄妹俩儿折腾。

请看她是怎么"顺水推舟"的：

甄嬛夜访养心殿，陪皇上办公。她故意摸了本《左传》佯装专注地看，一边斜眼偷看皇上。

待到皇上主动询问："看什么书呢？"

她答："臣妾看皇上桌上放着一本《左传》，越读越有兴味。"

皇上："读到哪一篇了？说给朕听听。"

甄嬛："《郑伯克段于鄢》。"

这是一个什么样的故事呢？

郑伯克段于鄢可称得上是《春秋》中首年（即鲁隐公元年）记录的列国中的第一大事。郑伯就是郑庄公，而这个段就是他的弟弟共叔段。姜夫人偏爱幼子叔段，欲取庄公而代之。庄公姑息养奸，纵容其弟，其弟骄纵欲夺王位，后庄公使计打败共叔段。庄公怨其母，并将母亲迁于颖地。

甄嬛是想通过"郑伯克段于鄢"的故事试探在年羹尧这个问题上皇帝的意思。结果如愿以偿，皇上正有此意，二人心有灵犀。共同写下"多行不义必自毙"。

甄嬛不仅成功得到自己想要得到的答案，还换回皇上一句"甄嬛最得朕心"。后来，皇上也确实用这一招把年羹尧拿下。

多行不义必自毙，虽是老生常谈，但其警世价值不因时光的流逝而削减。在职场上，你也可以用这一招来踩小人。

有些办公室里活跃着这样那样心术不正的小人、奸佞之人，他们处心积虑地给你埋地雷、扎针儿、下绊子。对于这种"妖魔鬼怪"，你恨不得踩死他、掐死他，有时候你以牙还牙，有时候你以暴制暴，这未必是好办法，你不如惯着他、顺着他、宠着他、由着他，想法子膨胀他的欲望，让他自取灭亡。

某公司广告部有这样一位业务员，她叫倩倩。倩倩人长得靓，又是播音系出来的大学生，声音甜美。当时公司花高价把她请到公司来，就是看中了她的公关能力，一个相貌出众声音甜美的姑娘，假如你是客户，你也不会反感。

可是倩倩这姑娘虚荣心强，争强好胜，总喜欢抢同事的客户。很多女同事都和她争吵，气不过的还去老板那里申冤告状，可始终撼动不了倩倩的地位，有时候反而还会被老板数落："倩倩是新员工，年龄小，你们老员工要多让着她，多关照她。"大家都讨厌倩倩，但真没什么好办法。只有一个叫娇娇的女孩，从来不抱怨倩倩的事儿，心甘情愿地吃倩倩的亏。众同事一开始都觉得娇娇是个窝囊废胆小鬼。可娇娇总是笑而不语，总是很平静地说："咱没那实力，只好由着人家欺负呗。谁让咱自己没本事呢？"

最后大家才知道娇娇才是聪明人。

由于同事们，尤其是娇娇一直让着她，所以倩倩对于抢同事的客户这件事爱不释手，她抢上瘾了。那天，办公室内又发生了一次广告客户大纷争。这次的事件之所以大，是因为这次倩倩抢到了广告总监婷婷身上。广州某药业公司的广告一直是婷婷在做，最近倩倩却瞄上了，她和对方广告部沟通的时候，说了好多婷婷的坏话，费尽心机地和对方套近乎。结果对方一边儿和倩倩热乎着，一边给婷婷通风报信。敢在太岁头上动土，真是无法无天了啊。婷婷二话不说就把倩倩修理了。她修理得有理有据，因为倩倩这样做不仅冒犯了权威，还搞乱了公司秩序，危害了公司利益，影响了公司形象。都像她这样搞下去，这业务没法开展了。这广告总监一发威，那可是不得了啊，整个公司百分之八十的广告客户都在婷婷手里，她是公司的财神啊。所以，她说不行，老板只好乖乖地说不行。倩倩灰溜溜地被辞退了。

工作和生活中，碰到小人是正常的事，碰不上才不正常呢！如何对待小人、恶人？一不能生闷气，当个逃避的鸵鸟，那样只会让自己更被动，无立足之地。也不能失去理智硬碰硬，搞不好会两败俱伤。更不能因为某些人的打击就轻易地怀疑和贬低自己的能力，那样只会长了小人的志气。而是要像甄嬛"帮"华妃一样，惯着她顺着她，助长她的嚣张气焰，时机成熟的时候再使劲"推"她一把，你要相信，玩火者必自焚，嘿嘿，届时她就 game over 了。

当然，你在逗小人的同时，也须提防你背后的小人。那些你身边"宠爱"你总是"顺着"你的人，要多个心眼，说不定他们也是表面上把你将顺，为了背后"扎针"铺路搭桥呢。

11 学会站在老板的高度和角度看问题

一开始，甄嬛和皇上之间的关系总捋不顺，小两口时不时闹场别扭。最厉害的一次是遭遇丧子之痛后，甄嬛因为埋怨皇上忧郁过度，她看皇上不惯，皇上也对她冷淡。在经历一番羞辱后幡然醒悟变得理性，她亲眼目睹了皇上的为难，知道四郎的不易，不仅不耍小性子，而且会配合皇上一块演戏设局了。

筵席之上，甄嬛因与翊坤宫的颂芝答应唱对台戏，众嫔妃都默不作声地看着。突然龙颜大怒，皇上狠狠地训斥甄嬛，还令其到偏远的蓬莱洲思过，令在场的人都很震惊。华妃更是得意，认为甄嬛这次是彻底惹怒皇上了。那么，甄嬛之父甄远道弹劾年羹尧的势力也就会被削弱。华妃只知道庆幸自己的哥哥地位不会受到太大冲击，却没有意识到皇上对年羹尧日益放肆的态度是何等的憎恶。其实，甄嬛只不过是跟皇上联手演了一场戏，这样一来年羹尧就会放松警惕，更加放肆，这也是皇上铲除年氏一党的手段，而甄嬛则因跟皇上站在同一战线上，事成之后得到了皇上更多的宠爱。

职场精英们大多懂得一个道理，就是不管什么时候，都要让自己与大老板站在同一个战壕同一条战线上。想要和大老板保持高度的一致，精诚合作，你必须学会站在老板的高度和角度分析问题解决问题。

很多时候，你看老板不习惯，觉得不可理喻，其实不一定都是老板的错，老板也有他的难处，他得站在公司的利益做全局打算，无法像你一样只盯着自己的那点利益得失。

这时候，你若懂得理解领导、配合领导、支持领导，你就会因为理解和担当而受益。如果你因此对领导产生反感，疏远领导，甚至诋毁领导，和领导背道而驰或者对抗，那你就会因为偏执和狭隘而利益受损。

有这样一个故事：一位大学生毕业后进了一家公司。这家公司规模不大，总共也就二十几个人。一周后，他已经能叫上每位同事的名字。但他对公司越了解，就越觉得纳闷。客户部经理，大字不识几个，平日里，也不修边幅，不拜访客户，部门的业绩考评也是排在末位。但奇怪的是，老总遇上他，总是一脸笑容，还主动给他递烟。后来才知道，他掌握着公司最大的一笔业务；公司的保安，年龄四十开外，还有点跛脚。总让人觉得倘若哪天真来了强盗，随便一推他便会倒下，这样的人怎么能做保安？谁知道，他还真是真人不露相，他以前是个柔道高手，几个身材魁梧的小伙子也近不了他的身。而且，到了年末，他就跟着公司的会计去报税。他跟税务局领导说，公司照顾残疾人，为社会做了贡献。每年靠着他，公司免去了不少税，早抵过他那点儿工资了；老板的秘书，是个脸上长满雀斑的女人。每天也不准点上班，上了班也貌似没什么工作，但同事们个个对她服服帖帖，连老板都让她三分。原来，每到年底，公司的几个不太通情理的债主都会来讨要欠款，那时，她便出面救场，一切驾轻就熟；公司的司机，五年的驾龄，技术不怎么样，对路况也不熟悉。才来半年，就出了两次事故，一次撞坏了邻居的围墙，另一次撞断了一棵树。老板从来不坐他的车，每次外出都自己开车。在一些人看来，这个司机可有可无。后来才知道，他有两个兄弟，一个在发改委，一个在工商局。能给单位提供不少信息支持。

在该公司待了大半年，这位大学生终于明白：老板用人，自有他的道理，没有一个岗位是虚设的。老板行事，自有他的计议，没有一件是不靠谱的。先前他对领导的用人疑虑消失了，对公司开始有好感了，没有那么多看不惯的地方，他工作的积极性提高了，很快就得到了领导的赏识。

要想在职场上被领导赏识和器重，你必须学会站在领导的角度思考问题，这样，你就容易和领导的价值观趋同，从而产生共鸣。久而久之自然就会关系融洽、行为合拍，并与之默契，从而获得更大的收益。

总而言之一句话，好员工要学会站在老板的高度和角度看问题，就能少生气、多谋利。

12 读懂老板的心思，才能做对差事

战国时代，齐王曾问田婴，我后宫中哪个妃子适合做齐国的王后。可是田婴对后宫中的美女是啥情况，一点都不了解。他心想，自己要是说错了，说的话很有可能传到后宫中，要是自己推荐的人没有当上王后，而没有推荐的人当上了王后，那么这个新王后可能会对自己不利；再者，也有可能让国君认为自己的能力有问题。我那么相信你，把立后这样的大事都征求你的意见，可是你却不符合我的心思，还是我的忠臣吗？怎么办？田婴就想了一个办法：他派人打造了十副耳环，送给齐王，请齐王赏赐给后宫的妃妾们。几天后，田婴就发现十副耳环中最漂亮的那副耳环戴在其中一位妃子耳朵上，于是就告诉齐王，推荐这位妃子做王后。当他说出来的时候，齐王大喜，因为这符合了他的心思。

其实道理很简单，田婴无疑是很有智慧的。齐王心中早就有了人选，只是由田婴举荐显得更公开化，更能服众。田婴打造的十副耳环中特意将其中一副打造得更加精美，当这副最漂亮的耳环戴在某一位妃子的耳朵上时，也就意味着此人便是齐王心中所想。田婴不过是想了一招读懂了齐王的心思，顺水推舟，才有了皆大欢喜的结局。

在职场上，能够对你发号施令的人，能够决定你升职加薪的人，就是你的老板。善于察言观色，读懂老板的心思，顺着他的心意行事，投其所好，才能得到老板的赏识，才能有好的前程。

在《甄嬛传》中，雍正身边有两个猜心高手，一个是甄嬛，一个是苏培盛。甄嬛懂得揣摩圣意，深知皇上的好恶和"软肋"，并善于对症下药。流产失势后，她用旧情唤醒皇上的怜惜，再用新鲜手段引诱皇上，当皇上对其旧情复燃时，她却数度将皇上拒之门外，一招"欲擒故纵"紧紧地抓住皇上的心。此外，她还抓住皇上因忌讳年羹尧而不得不专宠其妹华妃这一点，"不计"华妃令她流产的前嫌，帮失势的华妃"说话"，让皇上恢复华妃

的名号和官位，一方面让皇上对其更加愧疚，另一方面也让皇上欣赏她的大度而越发地疼爱她。

苏培盛比甄嬛的水平更高，他正是因为能准确地读懂皇上的心思，才能如此"经久不衰"。苏培盛能够读懂皇上心思最经典的一幕便是，皇上在甄嬛的劝说下"雨露均沾"去了齐妃那里，却被齐妃的唠叨与琐碎搅得心烦，于是深夜离开。走到半道上，苏培盛问銮驾上的皇上："皇上，咱们是回养心殿呢还是去翊坤宫呢？"

皇上一言不发，瞧这态势，苏培盛底气十足地报出了：碎玉轩（莞贵人的住处）！

不少人看到这里都暗暗钦佩这位老太监对"老板"心理的精准揣测，若是一般的小太监，看见皇上阴沉着脸，早就吓得趴在地上说"奴才该死"了，然而老到的苏培盛却能够镇定自若地将手中的拂尘一扬，"替"皇上做了决定，试问哪个太监能有如此魅力。正是因为他能够读懂皇上对齐妃的厌烦以及对甄嬛的思念，才能够那么"自作主张"地帮皇上决定去哪里，而无疑，这样的"投其所好"更能够取悦于皇上。

身在职场，如同身在宫廷，时时要读懂"圣意"，所有想在职场上有所发展的人，都要学会读心术，读懂领导的心思。这样，你才能有好的发展空间。

小米在北京某合资企业供职。有一次老板把她叫到办公室里，先是夸赞了她的业绩不错，认为她可以担当更重要的职责；然而又说最近行业不景气，利润比去年下滑得厉害；最后问小米如果她做部门主管的话会不会考虑裁员。当时小米愣了一下，凭着第一感觉说"不会"，因为很多同事都是一起互帮互助的。当时老板的脸色有些变化，后来，她的同事升为了部门主管。事后她才想清楚，老板的意思就是想裁员，如果小米不是凭个人感情用事，而是站在企业发展的角度去考虑，那么升职的就可能是她。

有了这个教训之后，小米遇事多了一些思量，在不违背自己做人原则的基础上，也开始学着猜领导的心思。有一次，她陪老板到意大利出差，他们拜访一些老客户，老板对其中一位客户的产品很感兴趣，但价格有点高。他用咨询的口气问小米，你觉得这个值得购买吗？小米回答是，很不错，值得。其实她知道老板已经做好了买的决定，只是征求一下小米的意见，小米明白这时可千万不能扫了老板的兴。果然，老板兴高采烈地和这家公司签约了。这次小米又尝到了会听话的甜头——回国之后，她很快就升任业务主管。

作为一个下级，在读懂领导的心思时，以下三点要铭记：

1. 揣测领导心思就要学会察言观色。要想读懂一个人，其实并非难事，每个人都会若有若无地泄露一些其心底的秘密。比如齐王的心思并没有表现在肢体和口头语言上，但却映射在对妃子的赏赐上，只有当他有了心中人选，才会将最精美的耳环赐予她，这其实也是一种内在情感的反映。

2. 察言观色并不等同于奴颜婢膝，曲意逢迎，应当有自己的判断和主见，必要时能像苏培盛一样替"老板"拿主意。

3. 要懂得上司的价值取向。人与人的价值观千差万别，最核心的价值观却只有一个。你一定要明了上司的核心价值观，才能对他的喜好有个基本的判断，才能不触犯他的雷区，多做令他欣慰的事。

13 说话就是要甜而不腻

和领导相处的艺术就是学会适当地奉承。

谁都爱听好话，皇上也不例外。

《甄嬛传》第八集里，皇上带菀贵人去昌平的行宫，并赐予她汤泉宫沐浴，菀贵人在青鸾宫泡玫瑰花瓣浴时，一慌张不小心说错了话："皇上要学汉成帝吗？臣妾可力力不敢做赵合德。"

皇上不悦，厉声道："好大的胆子，竟敢将朕比作汉成帝。"

要搁一般嫔妃早就乱作一团，跪地求饶了，甄嬛自有办法化解，她接着说：

"皇上英明睿智，汉成帝望尘莫及。"

皇上："虽是奉承的话，朕听着也舒服。只是你身在后宫，怎知朕在前朝的英明？不许妄议朕的朝政。"

甄嬛："臣妾怎知前朝之事，只是一样，皇上坐拥天下，后妃美貌固在飞燕合德之上，更要紧的是贤德胜于班婕好，可见成帝福泽远远不及皇上。"

皇上："朕的菀贵人果然是伶牙俐齿，远胜飞燕合德空有美貌。朕比汉成帝有福气。"

大部分人都爱吃甜食，即便是救命的良药，裹上一层糖衣，入口也顺畅些。人人都爱听好话，都想听开心话，都抵触糟心话。无论是沿街乞讨的叫花子，还是营营役役的平民布衣，还是自命清高的文人，抑或高高在上的达官显宦。

有个故事说，从前，某秀才对别人专说赞美恭维的话，被人称为马屁精。那个秀才死后被打入十八层地狱。阎王命小鬼拘来秀才阴魂，对他大声斥责："你在阳间溜须拍马、阿谀奉承，我最痛恨的就是这种人。我要把你割去舌头，打入十八层地狱！"秀才连忙叩头说："神君息怒，小人在阳间实在是出于无奈，世人都爱听奉承话，小人不得不如此。如果阳世之人都像神君您这样公正廉明，明察秋毫，我又如何用说半句恭维话呢？"一席话使阎王怒气全消，并得意地说："对我说恭维话，谅你也不敢！既然这样，那就免去你割舌之刑，留在殿中听候调用。"

这总归是个故事，但还是让人联想到职场。下属犯了某种错误，老板责怪下来，下属一方面要虚心认错，另一方面也可以灵活机动说些俏皮话，让领导消消气。故事里阎王原本想要惩罚喜欢说恭维话的秀才，却在听了秀才对他的赞美之词后马上改变了主意，不但免去了对秀才阴魂的刑罚，而且还留他在殿中听用。足见秀才的"高帽子"的作用，不但可以使凡人愉悦，而且能让阴界的阎王爷也为之动心。

"拍马屁"这三个字听起来糙一些，不那么体面，实际上却是员工建立和领导沟通渠道的有效方式之一。从这个角度来讲，实在是一种非常有效的心理激励技巧。

某销售员，不妨叫他 A。他的经理是个业界资深的人物，不妨叫 B。

销售员自然是靠业绩吃饭。A 的能力有限，一直业绩只是尚可，但 A 在某一年忽然签了一个公司有史以来最大的单子，金额超过了整个公司前一年的总数。于是 A 在这一年的剩下日子里都优哉游哉了。

实际上这个单子根本没 A 什么事儿，属于高层公关下来的，底层的销售员实际上起不到什么作用，谁去签都一样。但是，为什么这个单子最后让 A 去签呢？因为 A 替 B 的儿子找到了出路！

B 虽然是业界资深的人物，但儿子不听话，贪玩，不肯工作。

为了这个不长进的儿子，B 愁坏了脑子。有一次实在郁闷，B 就找了手下几个年轻的小伙子一块儿坐坐。期间 B 就谈起了自己那个不听话的儿子，下属们有的附和领导的说法，说这孩子不懂事，有的只是陪着领导长吁短叹，以示同情，有的干脆不作声。只有 A 说的话令领导心头一亮，他先是说有您这么优秀的爹，孩子一定遗传了您的优秀基因，只是暂时还没有发现而已。接下来就说了领导儿子的优点，说和某某某的孩子比起来，您儿子还是蛮可爱的。又说人人身上都有闪光点，没有不成才的孩子，只是没有找到恰当的方式，还举了自己的表弟如何从良的例子现身说法。后来带头举杯给领导开怀："其实，教子和您做生意一样，也是机缘巧合的事情。很快就会好的。回头我和他谈谈心。"这一番话说下去，领导的兴致上来了，多少天都没这么开朗过了，于是大家开怀畅饮。事后，A 果然趁着和 B 的儿子一起打篮球的机会慢慢地接近他，开导他，和这哥们儿交上了朋友，很快这孩子也长进了不少，过去的贪玩习惯有所收敛。B 看着儿子渐渐长进，自然很高兴啊，就越发喜欢 A 了，于是好事就轮到 A 头上了。

不得不佩服吧？谁能否认这不是本事呢？

问题是，有的人认为赞美、夸奖就相当于阿谀奉承、溜须拍马，说好话的人纯粹是居心不良、其意叵测。这纯属个人的偏见，戴着有色眼镜看人。不过，奉承话讲得不能让人腻歪倒是真的。同样是讨好皇上的话，其他嫔妃说得让皇上浑身起鸡皮疙瘩，十分不悦。而甄嬛每每都甜活得雍正如痴如醉，明明知道是奉承话，还乐此不疲。

所以巧言善语的人不仅要口才好，更重要的是找准他人内心的"甜"点，"恭"其所需，让"甜言蜜语"不留痕迹地进入别人的心窝，才能最大限度地发挥赞美的作用，令对方感觉到舒服惬意，正中下怀。向甄嬛那样，把奉承话说得清新文艺，甜而不腻，才能换来皇上一句"甄嬛，唯有你最懂朕心"。

14 听懂上司口令的内涵，解读他的弦外音

我们常常说明人不说暗话。实际上，在职场上，明人、高人从来都是靠说暗话行事的。

很多时候，领导都是话里有话，让你去悟。

安陵容的父亲出事，为了拉拢这个棋子，皇后竟然主动去找皇上求情。事成之后，当甄嬛、沈眉庄、安陵容三个小丫头感恩戴德时，皇后装得跟没事似的，并无任何企图，只是帮帮忙啦，其实不然，且看她是怎么说话的。

皇后："谁都有命途不济的时候，本宫身为后宫之主，也与你们同是侍奉皇上的姐妹，能帮你们一把的时候，自然是要帮你们一把的。"

一句话说得甄嬛等三个小丫头感激涕零。

皇后见时机已到，接着引导：

"莞贵人，你一向懂事，这件事要好好安慰安答应，明白吗？后宫风波频起，本宫身子不好，实在疲于应付了，莞贵人善解人意，如能知本宫心之所向，自然能为本宫分劳解忧。"然后给下人使眼色把香炉拿上来，说，"这样热的天气，这香炉里的死灰重又复燃了，可怎么好啊？"

其潜在的意思是要这三个丫头帮他拿掉华妃。甄嬛自然听得懂其中含义，用杯子的茶水把香炉的死灰浇灭，然后回答得更是高明：

"臣妾等身处后宫之中，仰仗的是皇后的恩泽，能为皇后娘娘分忧解劳，是臣妾等分内之事。俗话说智者劳心，臣妾卑微，只能劳力以报皇后。"

皇后高兴极了："好啊，真的没有让本宫失望。"

莞贵人："月明星稀，乌鹊南飞，绕树三匝，终于有枝可依。"

皇后："其实这后宫里头啊，从来就只有一棵树，这是乱花渐欲迷人眼罢了。只要你看得清哪棵是树，哪朵是花就好了。"

皇后的忙可不是白帮的，她的意思其实很明白，就是："我帮你一把，你今后要好好跟着我干，干掉华妃。"可是她肯定不能这么说，而是借着这么多人物这么多道具指东说西。

在现代职场上，领导表情达意的方式依然如此，你要能听懂其中的话中话，才能体会领导的真实意图，才能做对事情。通常，领导有什么要求和指示都不会明说，他会映射给你，比如，某人与她的助理闲聊时说："我最近看看电视上在介绍左宗棠传记，此人真不错！要是能有时间买来读读挺好。"听了这话，助理赶紧下班后就去新华书店，买了一套精装本的送给领导，买了一套平装的自己研读。

这让我想起挺可爱的一种现象，就是很多小孩子想吃另一个小朋友的零食时，他不会直接说"给我吃点吧"，而是不停地围着人家转悠，并说："什么东西，好香啊。"

所以，理解领导的"弦外之音"，你才能成为领导的心腹。千万不要被其表面现象所误导。

在一家广告公司工作刚满一年的新人小崔，就曾因没听懂"上司谜语"而白忙活一场。

那时，小崔刚参与一个广告设计项目，创意总监要求小组的每个成员提交一份设计方案。看过小崔的方案后，总监沉默了一会儿，评价道："这个吗，还挺有意思的。"上司的这句话让小崔以为总监很看好他的方案，于是信心大增，加班加点地完善这份方案，还不时地找总监讨论。可没想到一周后的会议上，小崔发现总监最后采纳的并不是自己设计的方案，而且此后似乎有些冷落他。

困惑不已的小崔只得询问同事，在同事点拨下才意识到，总监说那句话，并不表示对他的方案的认同。事实上，总监是不看好这个方案的，之所以用"还挺有意思"打发过去，只是顺便对小崔做一下鼓励。破解了这个"上司谜语"后，小崔感叹："以前在学校里，大家都是有什么说什么，但踏上工作岗位后就不一样了，必须得察言观色，要学会'接翎子'啊。"

　　此外，领导的"弦外之音"多半会涉及加薪、升职、绩效考核、裁员等一些敏感的话题，如果你听不懂这些，很可能让难得的机会从身边偷偷溜走。王林平日里和领导私交甚好，有一次领导特意安排王林和他一起去美国出差。但当时想与领导同去的人很多，所以，对于这件事大家都在议论纷纷。考虑到影响的问题，领导当着大伙的面先问了一句："小王，你的英语很不错吧？"可当时王林也没考虑太多，老老实实地回了句"我的英语很差啊"，话刚说出口，他身边的同事便"毛遂自荐"，说自己英语还不错。

　　此时的王林发现自己做了件傻事，领导只是在给自己一个去的机会，自己只管谦虚一下就好了，何必把机会拱手相让与他人。果不其然，那位自荐的同事顺利去了美国公干，可王林知道，当时在场的几个英语都"不咋的"。

　　最后要提醒你的是：在工作中，领会"弦外之音"是对自己职场情商高低的一次小测试，是考验自己是否在职场游刃有余的标尺。表面上能否听懂、看懂、读懂绝非关键，重要的是自己在每一次的经历、尝试判断之后，能认真地分析与总结，所谓"吃一堑、长一智"，"多留个心眼儿"就是如此。平时你要多注意考虑事物的另一面，多进行换位思考，凡事多问几个为什么，这样，领会上司的"弦外之音"就不是问题了。

第四章

银子要撒下去，感情要泼出去

——《甄嬛传》里的团队管理精华

1 华妃的"金钱外交"相当失败

人脉靠什么维护？下属靠什么管理？下人靠什么拉拢？华妃貌似对此很有研究，这个美女领导讲得也很露骨。

华妃："你以为治理后宫是和气安抚好，还是铁腕之治好？"

曹贵人："嫔妾愚钝，实在不知这些。"

华妃："女人多的地方是非多，耍心眼儿掉眼泪、扮笑脸说是非，表面上一池静水，底下却暗潮汹涌。换作是本宫治理，必定铁腕铁拳铁石心肠，重刑之下还有谁敢罔顾法纪？！"

这一段话，华妃是用来达自己的铁腕之治的。简言之，管理下人，要够狠。我们都知道，强权肯定不行，压力越大，反作用力也就越大。

当然，她还有其他的主张："要宫里的人听话信服，威信是一回事，皇上的恩宠是一回事，最重要的，是要把银子赏下去，人家才肯实实在在地为你做事。"这是华妃的金钱外交。

华妃说这话的时候，正值年关，正是一年之内送礼之风刮得最为猛烈的时候，那时候，华妃也忙活着送礼，上下公关，包括打点下人。那年年关，因为她的哥哥年大将军在京中过年，她需要赏赐的银子更多。所以她在忐忑不安地等待宫里年节的赏赐，好实现她的送礼计划。可悲催的是，她的助理颂芝告诉她："内务府的人说，皇上下令节省开销，所以，今年的赏银只有往年的一半。"

华妃心里咯噔一下，心里骂着内务府真不给力，嘴上叨叨着：每逢年节本宫就要进行大行赏赐，足足加上一倍都不够，还要减半，不是杯水车薪了。方才引出了她对于人脉维系的"真知灼见"。

我经常说，什么人什么心说什么话，什么样的认知形成什么样的价值观催生什么样的主张。像华妃那样的白富美，她生长在权势显赫之家，利欲熏心，挥金如土。她认为金钱是万能的，一切都离不开钱，物质利益是人际关系的黏合剂，所以她的人脉全靠金钱维系。

可是，以利相聚，必然会为争利而散，或者因利小而背叛。职场上，领导者靠什么拉拢人心赢得下属的忠诚？仅靠施予小恩小惠和物质刺激吗？这是最不靠谱最危险的一种方法。这个问题，皇上和他的嬛嬛已经达成共识了。

那一日，年羹尧找皇上邀功请赏，皇上很是闹心。他走后，甄嬛前去请安。

甄嬛："臣妾是不是来的不是时候？皇上刚与年大将军议完国事，定然觉得疲累了。"

皇上："朕是有点乏。嬛嬛，你饱读诗书，对朋党如何看待？"

甄嬛："臣妾不敢妄言政事。"

皇上："无妨，朕只和你谈论诗书。"

甄嬛："臣妾久在深宫，哪里知道这些，倒是臣妾读欧阳修的朋党论时，有段话深觉有理。"

皇上："说来听听。"

甄嬛："欧阳公说：'小人同利之时，暂相党引成为朋党，等到见利而争先，或利尽而交疏时，则互相贼害。以利相聚，必然会为争利而散。'所以任何烦心事，都不足以成为皇上的烦心事。"

……

其实，历朝历代，无论职场还是情场，但凡是因为你能带给他们功名利禄才奔向你的，必然会因为有一天你满足不了他们的需求而背弃你。孟尝君和冯谖的故事您听说过吗？

孟尝君，是战国时期齐国的贵族，战国四公子之一。孟尝君很重视人才，他在薛邑招揽各诸侯国的宾客以及犯罪逃亡的人，很多人归附了他。孟尝君这人很仗义，对于来到门下的宾客都热情接纳，不挑拣，无亲疏，一律给予优厚的待遇，待遇不分贵贱一律与孟尝君相同。孟尝君每当接待宾客，与宾客坐着谈话时，总是在屏风后安排侍吏，让他记录孟尝君与宾客的谈话内容，记载所问宾客亲戚的住处。宾客刚刚离开，孟尝君就已派使者到宾客亲戚家里抚慰问候，献上礼物。有一次，孟尝君招待宾客吃晚饭，有个人遮住了灯亮，那个宾客很恼火，认为饭食的质量肯定不相等，放下

碗筷就要辞别而去。孟尝君马上站起来，亲自端着自己的饭食与他的相比，那个宾客惭愧得无地自容。所以宾客们人人都认为孟尝君与自己亲近，孟尝君也是如此。可是，当他落难的时候，他才发现，根本不是。

秦国、楚国害怕孟尝君当政会给自身带来不利，便派人到齐国去诽谤他。齐闵王听信了这些谗言，就将他罢免了。众位宾客看见孟尝君失势，都纷纷离开了他。唯独冯谖没有走，后来在冯谖的巧妙运作下孟尝君官复原职，冯谖前往薛邑迎接他回临淄。即将到达临淄的时候，孟尝君长叹一声，说道："我礼贤下士，对待宾客没有半点的差错，门下食客多达三千人，这您是知道的。当初我被免职，失了势，这些人都弃我而去，多么地无情啊！

……

事物都有必然的归宿，人情也有固有的倾向。这个倾向就是趋高弃低。若你像华妃那样妄想"以金钱收买人心"，以钱管人，让他们乖乖为你办事，当你失意时给不出金钱时，他们会立马让你饱受树倒猢狲散的悲凉。还有，人的欲望有无限膨胀的天性，假如你仅靠金钱拉拢盟友，越喂他胃口越大，有一天你无力满足了，或者有人比你能带给他更大的利益，他也可能立马倒戈，一脚把你踹了。这样的情景，电视剧小说中、现实生活里，我们见多了。

而华妃的下场也向我们证明了这一点，她就是被她宫里的首领太监福宁海出卖的。这小子还不如个娘们儿呢，经不起拷打，受不了酷刑，把华妃做过的坏事都招了。于是华妃就惨了。

当然，人际关系的维护也离不开物质上的付出和给予，但那只是朋友之间表达好感与善意的一种方式，并不是情与钱的交易。有一种给予是赤裸裸的目的和交易，而有的给予是带着人情味的温暖。后一种，还是正能量的。

2 有能力又重情义的领导是万人迷

一个成功的男人不在于他身边有多少女人，而是他的女人为他拒绝过多少男人。

一个成功的上司，不在于他有多少下属，而是有多少下属只愿追随他。

一个牛叉的老板，不是你得势的时候身旁有多少人阿谀奉承，而是你失势的时候有多少人对你不离不弃！

最迷人的魅力源自于何方？凭什么吸引属下的忠诚，让他们跟你同甘共苦？这个问题，无疑甄嬛最有发言权。平时的时候，一竿子人都罩着她，明里暗里帮扶她，落难的时候，粉丝也不弃她而去，而是继续跟着她干，陪着她苦，甚至是豁出性命。比如流朱姑娘、槿汐姑姑。

最感人的一幕是甄嬛因为"穿错衣"时而伤心欲绝，主动要求去甘露寺那一幕，临行前，尽管自顾不暇，她还是利用自己的人脉和地位，一一安排好身边的下人：小允子去侍候惠贵人，品儿去侍候敬妃，还有心把浣碧安排在宫中，让她们有个归宿，并和他们深情辞别。

可是浣碧和槿汐都视她为唯一的亲人，下定了决心，跟着她出宫，即便是在寺里，也彼此有个照应。无论甄嬛如何劝阻，她们都坚持随她而去伴她左右。你说这又不是好差事，怎么就赶着追着她去，宁愿在寺里青灯孤影挨饿受冻，也不在宫里享受荣华富贵。甄嬛向她们施了什么魔法？

看着主仆之间情意绵绵的情景，我情不自禁地回想起历史上的那一幕类似场景：

公元前656年，晋国的公子重耳，狼狈不堪地奔走在逃亡的路上。要说这之前，他也是个高帅富了，他爹是晋国的头头晋献公，他是堂堂二公子。可因为他爹晋献公受爱妃骊姬蛊惑，下令追杀自己的儿子夷吾和重耳。重耳九死一生，在被追兵砍下一只袖子后，逃出了自己的封地蒲城，就此开始了漫长的逃亡之旅。

当时，一般公子出逃流亡首选就是外祖母家，于是，重耳就跑到了狄人的地盘，他的母亲是狄人，他的外祖母家就在狄国。

随后，发生了一件很奇怪的事情，先后有一些零零散散的人也出城去了，难道这些人是追兵？重耳无暇顾及，直到来到外祖母家的城门下，这才发现这些人都是他平日的好朋友，其中有赵衰、自己的舅舅狐偃、狐毛、魏武子、先轸、介子推等等。

重耳点了一下名，发现他的至交狐突没来。这时候赵衰就说了，我老爸（狐突）年老，走不动，他留下来日后给咱们做内应。

这些人和甄嬛身边的槿汐还有流朱、浣碧不同，他们可都是晋国朝廷的大臣，个个大权在握，他们听说重耳出逃了，就一个个放弃了官位，放弃了家眷，追随他而去。

这可是去逃命啊，去流亡啊，不是去喝酒、吃饭。为什么一个43岁的要去流亡的落魄老公子会有如此的魅力，让一大帮子人心甘情愿、舍生忘死地追随？和槿汐、浣碧追随甄嬛一样的狂热，可谓铁杆粉丝。

首先，要申明这些人并不知道未来的事情，也不能预知未来重耳将问鼎中原。他们之所以如此选择，就是看好了重耳，一是看好他的品质和魅力，二是看好他的能力和将来。

什么魅力？其实，很简单，知礼、重情、守义。重耳身为晋国公子，自始至终能尊重长者，虚心向人学习，谦虚谨慎。即使在逃亡的时候，他还是保持着贤者的风度。他完全可以像他的弟弟一样违抗父命，但他选择忍受，一是为了证明自己的清白，二是出于对父亲的尊重。

知礼、重义这些就是魅力！就是重耳身上吸引人才的魅力，在晋国当时所有的国君候选人里面，重耳是唯一一个。跟着这样的人，将来他出息了，必定不会亏待追随者。如果这些人才去跟了个忘恩负义的人。到头来，你做了许多，结果白忙活一场，还落个惨死，有不少历史人物有这样的遭遇。

还有一点，重耳是晋国国君的公子，有资格继承国君的位置，他是只"绩优股"，在晋国可以"投资"的人里面是最好的一个，如果大胆一点说，是稳赚不亏的。

"择主"就是"投资"，是把自己的才智和能力投资在某一个人身上，重耳就好比国债，经济动荡开始了，聪明的人早就去排队买了国债。"国债"公平，风险小，稳挣。在那样动荡的年代里，能发现稳挣的"投资项目"，当然不能让他跑了，所以，这些人赶紧地、拼命地追上重耳，跟连夜排队等着买国债一样，生怕没了。

事实证明，这些人的选择果真没有错，重耳也终于未让大家失望。在数度流浪之后，终于在公元前636年春天，在三千秦军的护送下，重耳打回老家去，被拥立为国君，是为晋文公。那些追随他的人，也功成名就。当然，甄嬛也没有让槿汐和浣碧失望。

若要人爱，先力争自己值得人爱，若要人追随，要把自己修炼成值得人追随。跟着你，有利可图，有情可靠，这样的职业生涯，是人都稀罕。

有能力、有潜力、重情义的上司，聪明人都会跟定他的。只有只顾眼前利益的肤浅之人，会另寻靠山，这种没远见软骨病患者，也不值得你吸引。

3 请善待你的下属

有句谚语说："以情交情，情得以长久；以利交情，利无情断。"管理学上，有这样一句话，失败的原因或许各有不同，成功的关键却是相同的。因为那些取得了巨大成功的上司，都是将善待下属的思想贯彻得极好的上司。

在善待下属这个课题上，职场上的领导都应该像甄嬛学习。

她视侍奉她的人如兄弟姐妹。尊重他们的人格，爱护他们的身体，和他们平起平坐，保护他们的利益。即便是最最落魄的时候，她也竭尽全力给他们安排个好去处，不拖累他们。这样善待下属的领导，怎能不为下属们所敬爱呢？

在甄嬛从菜鸟到终极CEO的路途上，小允子起了中流砥柱的作用，他帮她捉拿下毒的凶手，他装神弄鬼帮她彻查下毒的真相。扳倒华妃时，若不是他机敏察觉有人蓄意纵火，或许甄嬛也就真的死在了华妃手中。总之，他把甄嬛像神一样敬着。

可了解剧情的人都知道，小允子对甄嬛好，首先是因为甄嬛对他好。那是在一开始甄嬛装病躲圣宠的时候，深更半夜的，甄嬛听到有哭声，出来查看，见小允子在哭泣。小允子怕吵了小主休息，赶紧道歉。谁知他的小主不仅没有骂他，反而安慰他说："人有喜怒哀乐，伤心流泪何罪之有？你且告诉我，为什么哭？"

小允子："奴才的哥哥在四执库当差，病了一个多月了都没见好，所以奴才伤心。"

甄嬛并没有像小允子担心的那样惊扰了娘娘而教训他，而是给他放假，让他去照顾哥哥。

还叮嘱一句："时候不早了，早点歇息。"

作为观众的我看到此处也被感动得热泪盈眶。

正是被甄嬛的情义打动，在康禄海和小印子都背弃甄嬛而投奔丽嫔而去时，小允子毫不犹豫地留了下来，说：奴才受常在恩惠，绝不敢背弃常在。并说了一大堆感激她一辈子，感激她八辈子祖宗之类的肺腑之言。

将心比心，甄嬛也很爱护小允子，考虑到天气入冬，小允子在廊上守夜会冷，她吩咐槿汐姑姑多给他拿床被子。

对于这些忠心耿耿的下人，甄嬛也发表感言，做出承诺：

"你们跟着我，这个久病失宠的小主，从没享过一天的福，却还如此待我，我无以为报，只要有我在一日，我绝不让你们受委屈。"

无论顺境逆境，甄嬛都不会忘记对下人进行感情投资，每当混得不好的时候，总会情真意切地对下人说"不好意思，连累你们了"之类的客气话。听得下人们心里热乎乎的，在宫里讨生活并不易，能遇上个有情有义的好主子真是三生有幸。

所以，甄嬛善待他们，他们也善待甄嬛，甘愿为她出生入死。

这让我想起了孟子的教诲。《孟子·离娄下》："孟子告齐宣王曰：'君之视臣如手足，则臣视君如腹心；君之视臣如犬马，则臣视君如国人；君之视臣如土芥，则臣视君如寇仇。"这是孟子对君臣关系的论述。在君臣关系中，君是主导的方面。君主对臣下是什么态度，臣下对君主就会是什么态度。现在引用时，泛指领导与下属的关系。人与人的相处，都是互相感召的。就像孟子说的，"爱人者，人恒爱之；敬人者，人恒敬之"。下属对领导的态度，跟领导怎么对待他们是息息相关的。领导对待下属像手足兄弟一样，那下属就把他当作心腹一样爱护；领导把下属当作犬马一样来使唤，不体恤他们，那下属也只会把领导当陌生人一样对待，不会特别恭敬。领导把下属不当人看，那下属会把他当作敌人一样仇视。

安吉伯被任命为美国得州仪器企业首席执行官的三年时间，他便使企业的营业收入增加了 4~5 倍，该公司的股票市值增加 2~9 倍。谈起自己的管理经验，安吉伯总结：对待你的下属一定要很诚实，要一视同仁，同时不能朝令夕改。领导与下属之间要心心相印。作为上司，你不能命令他们，要让他们感到愿意为你做事。安吉伯还指出："你必须让下属工作时感到非常愉快，否则他们不可能让客户感到愉快。"

也有些管理者和安吉伯不同，他们对下属极为苛刻，今天看着这个不顺眼，明天又认为那个应当离开，认为别人都是可有可无的，只有他自己是不可替代的。任何人才到他这里，都难有所作为。自以为掌握着下属的命运，结果对下属员工伤害很大，给自己造成的损失更大。

因此，作为领导，善待下属就是善待自己。

4 笼络下人，靠人情也要靠利益

笼络人心，感情重要，物质给予也不可忽视。《甄嬛传》里，主子与下人之间送礼打点的剧情很多，时不时地给报信的太监点儿小费，给宫女点儿布料首饰之类的。甄嬛也很注意这些细节，包括背叛她的太监，一拍两散时也礼数周全地给人一锭银子。

笼络人心，既要靠感情投资，又要给予物质利益。毕竟感情不能替代馒头，吃不上饭饥肠辘辘的时候，腿脚难免会发软。

我亲历过这样一个领导和下属从肝胆相照到分道扬镳的职场故事。

我最开始做工作时候，有个老板，他的主要精力放在炒股上，办文化公司是为了附庸风雅，是个打酱油的。公司大部分的工作他都交给自己信得过的主管小刘负责。小刘是他的心腹。后来股市不甚好，他就全身心投入公司事业，与此同时，他的经济实力大不如前，经常拖欠员工的工资。

我们这些穷孩子，打工首先是为了解决温饱问题，每当他不按时发工资时，大家都在抱怨。每当此时，小刘主管就批评我们不仗义，说以前领导对我们那么好，经常请大伙吃饭，现在领导有难，自然要有难同当了。

其实小刘此言不差，领导对我们曾经好过，现在有困难了，我们自然要克己忍受一下，大家共渡难关。我们做得也都不差，我是厚着脸皮跟父母要钱，然后继续打工。其他脸皮薄一点的就从亲戚同学那里借钱撑着，继续上班。后来我仗义到都是自己掏钱买资料。为了支持这个老板，我们赔了又赔，后来实在赔不起了，就纷纷辞职了。

仗义的小刘主管还是没走，他原本和女朋友租的是楼房，后来搬到平房去了，而平房也从 200 元一个月降到每个月 120 元，再后来连每月 120元的房租也交不起，他竟然放下尊严，让女朋友供养着他，继续为老板效劳。又三个月过去了，这位老板仍然迟迟不发工资。女友的父亲生病住院，小刘不仅掏不起钱，还要指望女友养活，实在 hold 不住了，女朋友和他散伙了，小刘带着未完成的稿子消失了。

为了忠诚，他可以放弃前途，可以放弃爱情，却放不下责任和尊严。男人没有钱，的确是直不起腰来，这时候，想忠诚也是尊严不能允许的，这时候，只能是背叛。

所以，笼络人心，要靠感情投资，但感情投资不是万能的，这是基础，在感情投资之余，还需要物质打点。

即使不是为了生计，中国是礼仪之邦。在这种文化背景下，作为一个上级，一个领导者，一个管理者，通过给下级一些物质的激励来展现自己的领导魅力，或者说常常给下级赏赐小礼，以示重视和鼓励，也是极好的。

明朝万历时期，申时行不是皇帝五个启蒙教师之一，但他所担任的功课最多，任课时间也最久。身为首辅后，他仍然担负着规划皇帝就读和经筵的责任。因之皇帝总是称他为"先生"而不称为"卿",而且很少有哪一个月忘记了对申先生钦赐礼物。这些礼物有时没有什么经济价值,而纯系出于关怀,诸如鲤鱼二尾,枇杷一篮,折扇一把,菖蒲数支之类;但有些礼物则含有金钱报酬的意义,例如白银数十两,彩缎若干匹。不论属于哪一类,这都足以视为至高的荣誉,史官也必郑重其事,载入史册。

对领导者来说,也可以效仿古代帝王的一些做法,给下级送出自己的一份心意,一份赞赏,一份认可,一份关怀,一份祝福。这样,下级的工作热情和积极性一定会更高。同时,这种形式还可以化解上下级之间的一些误会,进一步融洽上下级的工作关系。

送礼要讲究合适的时机,作为上级给下级送小礼品,同样最好遵循这一原则。那么作为上级,什么时候送礼比较合适呢?以下五个时机是比较适合送礼的。

法定节假日

我们的传统节假日是最合适的机会,也是常常不可忽视的要慰问下级。特别是中秋节,在月饼刚开始出现时能送给下属先品尝,效果是最好的。如果等到快过中秋了,你送过来给下属,效果就会打折扣。还有过年的红包,也是不可少的。

部属的生日

在员工生日那天送上你的礼物,送出你的祝福是人之常情。现在很多公司都会在员工生日时送上祝福或者生日礼金,而作为领导不要因为公司已经重视而忽略,这是两码事。

部属工作获得成就时

每当下级完成了重要的工作任务时,或者取得重大成就时,可以适当地送礼表示感谢和奖励。当团队完成一个重大任务时,领导常常是请下级一起吃饭,有时可以变换一下形式,每人送一件礼品也是很不错的。

部属生病或亲人病故时

下属生病时,送上你的礼品;当下属的亲人病故时,应该送上礼品甚至礼金表示慰问。当员工感到你关怀他和他的家人时,一种由衷的感激之情会油然而生,从而激发员工的工作热情和更高的忠诚度。

部属结婚等喜庆时

当下属结婚或有重要的家庭喜事时，应该予以祝贺，并送上礼品或者礼金。不要假装不知道，或者没有任何表示。

5 信任，可以迅速收买人心

翻检历史就会发现，大批聪明的上级会绞尽脑汁，收买人心，花样层出不穷，亲和力不断放大。所要释放的，无非是两个信号：其一，我很相信（赏识）你；其二，跟随我，有前途。

如何才能有效收买人心？又或者，如何才能让下属产生知遇的感激，愿意为之拼死效劳？善待他们，对他们施恩，感情输出很重要，但信任也很重要。

《甄嬛传》剧中，甄嬛在斗争中总是十分地信任自己的下属，这让下属有了办事的信心和底气。就算是偶然出了差错，甄嬛也总是极力包容，避免他们受到责罚。

用信任收买人心，朱元璋曾经有过一个生动的案例。

朱元璋在鄱阳湖大败陈友谅，俘获了不少陈的部下。当时天下尚未平定，部队需要补充新的兵员。朱就从俘虏里选了五百名骁勇善战的士兵，将其收编到自己的贴身侍卫里。这批俘虏，"疑惧不自安"。到了晚上，朱用这批俘虏替换了原有的护卫，让其担任守夜人。之后，他放心地上床睡觉去了。一夜无事。天明以后，俘虏们感激涕零："既活我，又以腹心待我，何可不尽力图报？"

朱元璋的手段确实高明，极容易打动人。只是，如没有万全之策，他怎会让大批俘虏担任守夜人？朱元璋收服了这五百人的心，自然也就给其他俘虏提供了巨大的想象空间：朱元璋宽宏大量，实是少见的明主，所以，大家只要识相……这手段，比起当年秦将白起坑杀赵国四十万降卒来，不知高明多少倍。

与朱元璋相比，曹操完全不同。为保护自己的安全，曹操放出风来，声言自己夜里经常做梦且喜欢梦中杀人。然后，在月黑风高的夜晚，手刃了一名跑来试图给自己盖被子的贴身侍卫，然后上床假装酣睡。天明之后，操大哭，厚葬近侍，悔恨之情溢于言表。曹操的手段当然见不得人，却因此给人留下无所不能、难以侵犯的假象。这把戏，后来被杨修揭穿了。结局是，杨修死于非命。与朱元璋相比，曹操的手段确实有所不如，不仅收买人心方面如此，其他方面，似乎也有差距。

信任下属，要做到这一点，必须用人不疑，疑人不用！这就是说，必须是在可以信任的基础上用人，否则可以坚决弃而不用。因为没有信任感地用人，即使委以重任，也形同虚设，起不到应有的作用。

既然信任，就要懂得放权，让他们放手去干。《孙子兵法》里说道："将能君不御。"领导就好比树根，下属就好比树干，树根就应该把吸收到的养分毫无保留地输给树干。领导者授权后，就要予以信任，不能授而生疑，大事小事都干预，事无巨细勤过问。只要下属有能力完成某项任务，授权后，就应允许他具有一定的自主权，下属职权范围内的事让人家说了算。只要不违背大原则，大可不必过问，不要随意牵制和干预。

放权后要懂得珍惜。人非圣贤孰能无过，手下人替你办事，难免出现失误，下属出现失误后，要珍惜他，珍惜他一片真心，没有功劳还有苦劳呢。

6 碎玉轩团队最无敌

团队管理能力是一个人在职场上生存发展要具备的第一能力。

任凭公司大会上，大老板再怎么号召团结，同心同德。实际上，作为一个主管，有自己的团队还是非常重要的职场潜规则，一个篱笆三个桩，一个好汉三个帮，作为一个中层干部，没有自己的智囊团，没有一个小圈

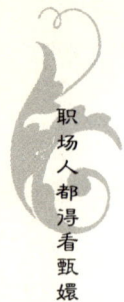

子辅助你,你很难上位。

在后宫,整个紫禁城是个大公司,各个宫都是一个部门,一个小团体,每个宫的娘娘如何管好自己的小部门,一致对外,也是见仁见智。不得不承认,碎玉轩的团队作战能力是最强的,甄嬛的团队管理能力是最到位的。

甄嬛天生就是个人力资源专家,她从刚一入宫,就致力于打造自己的这个团队了,就做好团队作战的准备了。任凭雍正拿着喇叭再怎么呼喊,要团结,要和睦,要宽容;甄嬛还是甄嬛,皇后还是皇后,华妃还是华妃。真正的团结是不可能的。用好下属,管好自己的团队,一致对外,才是硬道理。

1. 看重人员的合理搭配

入宫之前,有丰富经验的甄远道对女儿说:"这带去的人既要是心腹,又要是伶俐精干的,可想好了要带谁去吗?"

甄嬛回答:"女儿已经想好了,流朱机敏,浣碧缜密,我想带她们俩入宫。"

金无足赤,人无完人。每个人都有突出的优点和不可磨灭的缺陷。我发现,很多人在挑选手下人时,往往感情用事,只任用那些情投意合看着顺眼的。这样做并不利于提高集团的战斗力,不利于团队建设。你想想,甄嬛并不完美,她心太软,太重情。浣碧也不完美,她心思重,有功利心。流朱也不完美,她心地单纯,仗义执言,容易得罪人。但是他们组合在一起就很完美。再配上槿汐,那简直就是天衣无缝。连皇后都伤透了脑筋,感叹:永寿宫的口风是最严的。而皇太后之所以有时候落寞无助,就是因为她身边只有一个干巴巴的竹息,竹息忠心耿耿,能力也是超强的,经验也没得说,可是再怎么厉害,也是孤掌难鸣啊。

2. 重视忠诚度

那一日,甄嬛初入碎玉轩,第一次主仆见面后,甄嬛对下人们说:"从此后,你们便是我的人了,在我名下当差伶俐自然是好,但我更看重忠心二字。你们可记牢了?"

众下人异口同声:"奴才们必当忠心耿耿,绝无二心。"

安顿好众人后,甄嬛叮嘱两个贴身丫鬟说:"在这宫里过日子,若是身边人不可靠,就有如盲人走在悬崖峭壁边上,时时有粉身碎骨之险。咱们仨是一荣俱荣，一损俱损。"

在甄嬛长期患病而备受冷落、有些太监宫女纷纷离去的时候，她身边所剩下的随从并不多。甄嬛一点儿也不难过，她说："既是没心肝的东西，走了也好。奴才不在于多，只在于忠心与否。"

而一同进宫的好姐妹眉庄好意要给她增添人手时，甄嬛当着下人的面就说："不求人多，但求真心。"

后来甄嬛得势，那个先前带头离开的康禄海反悔，哭着喊着要回来，甄嬛不为所动。

最幸福的领导是身边人对他忠心耿耿的领导，甄嬛宫里的人忠诚度最高，忠心的人也最多，所以她是最幸福的。

3.量少而精，懂得培养

甄嬛还非常注意保持队伍的精悍。后来皇上见碎玉轩的太监少得可怜，要给她挑个首领太监，甄嬛不允，让小允子担当。信不过的人，她坚决不用。

很多企业家都喜欢到处挖人，总觉得高薪挖人会迅速给他带来价值，挖越多的人才进来，企业就会越做越好。殊不知，这是一个错上加错的思路，倘若挖来的人不久就流失了那也是徒劳之举。马云曾经说过，以前一直觉得一起创业的那些人能力跟不上企业的发展，总是希望挖更多的人才。现在发现，这么多年下来，够忠诚的还是最开始的那批人。

一个智慧的老板是去培养人才，而不是一味挖人。甄嬛正是懂得培养身边仅有的几个核心人员，才能让这群人在不断成长中成为自己的得力干将。而对于外围团队，甄嬛并没有花费太多精力，也从没有再引进他人。

培养你原有的团队，这群人在文化相对认同的前提下，他们能力提升不会太慢。而如果为了求数量，总是引进所谓的新人，不但伤了老员工的心，挫伤了他们的积极性，对团队的稳定和企业的持续发展也是不利的。所以，管理者要学会培养你的下属，在他们获得机会的过程中也会增强对企业的忠诚度。人不在于数量多，而是需要通过这些有能力有成就又有忠诚度的员工去影响和带动其他人。

从高空撒落一把散沙，与掉下一块水泥块，其威力之差不言自明，真正有效的高绩效管理则是能将沙粒变成水泥块的团队管理。一流团队的必备条件是什么，怎样为团队选到合适的兵将，怎样打造团队精神，怎样做好团队的领头羊，怎样塑造团队优势员工，怎样激起团队的工作热情，怎样对团队进行绩效考评，怎样构建学习型团队等，这些都是困扰不少经理人的难题，这些问题，都可以在《甄嬛传》里找到答案。

7 级别越高，越要懂得制衡之术

无论前朝还是后宫，其稳定和发展都离不开制衡之术。

级别越高，制衡就越紧要。

所以皇太后、皇后、皇上，都在忙着制衡。

皇太后既要保住乌拉那拉氏在后宫的霸主地位，又要防止皇后为了争宠断了皇家的子嗣，让皇后绝户。她就是紫禁城里一只看不见的手。

皇后身为六宫之主，既要保持自己的正室之位，又要平衡六宫关系，防止皇上专宠于某一人。她让华妃协助自己管理后宫琐事，减轻负担，同时还不忘隔三差五给皇上招募些欢天喜地的小姑娘进来，你当真以为她心胸宽大替皇上着想吗？那是为了以此打破华妃专宠的局面,防止其权势过大，有朝一日无法控制。她一直以为华妃是她最大的敌人，遂拉拢一帮新人整华妃，整着整着忽然发现菀贵人威胁更大，就开始培植安陵容、祺贵人挟制甄嬛。不过安陵容和祺贵人这俩女人是奇葩，她没有制衡好，所以都挂了。

皇上在前朝也在忙着制衡，他说："治棋局如治朝政，讲究制衡之术。"隆科多和年羹尧互掐，甄远道和瓜尔佳鄂敏也是死磕，年羹尧一直挺能得瑟的，雍正都是睁一只眼闭一只眼，只是后来见敦亲王和年羹尧抱成一团，岌岌可危时，他才下了狠手一网打尽。若不是他们如此过分，前朝势力失衡，雍正还是可以忍上一阵的。

说起制衡之术，就不能不提乾嘉年间的刘墉、纪晓岚和和珅。他们是当时繁华盛世中不可抹杀的人物。无论是影视演绎还是野史传说，最大的定论就是三个臣子在乾隆眼前斗了一辈子，第一位智慧幽默，第二位忠厚老实，第三位溜须拍马。

很多人都不明白，为什么和珅如此奸佞却能得宠一生，乾隆帝难道是傻子或者瞎子吗？当然不是。乾隆当然不会对和珅肚子里的花花肠子没有察觉。但和珅也有他的优点和用处，有刘墉和纪晓岚不可及的地方。比如和珅懂得琢磨人的心思，处世圆滑变通至极，懂得理财，同时熟读圣贤书苦读官学，这些都是和珅的过人之处。最重要的是，乾隆喜欢看着纪晓岚和和珅斗来斗去。一方面，这三个人势力相当，皇上不可能让其一方太过膨胀，因此这三个人作为乾隆的左膀右臂，互相牵制，互相打击，既可以锻炼他们自身的才能，又可以形成势均力敌的稳定局面，不会危及他的利益。另一方面，乾隆爷坐山观虎斗，其乐无穷。皇上也是人，也有七情六欲，免不了需要不同的角色来调节宫廷这场戏，总有那么一些场合是刘墉、纪晓岚之类救不了场的，总有一些情况是需要和珅这样的人来捧场演戏逗乐的。这样皇帝这盘棋、这整场戏才有滋有味，不那么平淡。

在你的职业生涯中，你难道没遇到过像乾隆这样的老板吗？我遇到过。我的老板当时我恨他恨得牙痒痒，现在感觉他挺"高明"的。当时我之所以看不惯他，一是因为他时常在员工们之间当"搅屎棍"，经常会和一个员工谈话的时候说"某某某说你怎么怎么样"了，故意在员工之间制造疑虑和罅隙。其实我们几个人都特别团结，玩得特别好。后来在他的分裂下不那么团结了，而是暗自较劲，互相防备。二是他的两个左膀右臂是完全不同的人，一个副总属于霸气外露的，整天一副老子天下第一的桀骜不驯的派头，牛气冲天。而主任又属于那种闷死狗型的，不到万不得已人家绝对一言不发。这两个人整天互相打击，互相看不惯，像疯狗一样厮咬。大领导就坐在那里傻乐呵，他那双眯眯眼整天笑得都快看不到了。我特别不明白为何要雇佣这两个气场犯冲的人当助手。

可是现在我明白了，这正是他的高明之处。我们这几个职员如此团结，"共享一家春"，没有敌意，没有活力，没有竞争力，就没有提高。只会一致对外嘀咕老板，办公室的氛围死气沉沉。而他时不时制造点儿乱子引起员工之间的敌意和猜忌，就会刺激诸位提防同事，为了怕同事超过自己那就好好提高自己，谁也不知道对方的本事有多大，那就只能尽力而为去修炼。这样受益的自然是老板。而他雇佣那两个风马牛不相及的人，其实正是他用人的高明之处，副总有开拓精神，当时公司正要致力于开拓市场，搞多元化经营，需要他提气，造势。而主任内向缜密，谨小慎微，可以牵制副总不要太冒进。

而一路走来，这位老板今日的发达恰好说明了他的用人和管人的决策是完全正确的。古代时，帝王为了能更好地操纵臣下，就让水火不容的人分列同级，让他们互相竞争互相搏斗。今日，领导为了更好地管理下属，让性格不同的人分管不同的部门，让他们互相较量。这全部的秘密都在于利益的协调和制衡。这种上司都相信，只有在竞争中，属下才可以创造更好的成绩，而同样也唯有斗争，才能令属下对自己越发地忠诚。

当你明白了这些原理，就不会再去害怕上司所为，因为他们做的一切，实际都源自心中的恐惧。当你恐惧上司时，上司也在恐惧着你。

8 碎玉轩的下属也有好多心思要及时洞察

在《甄嬛传》中，好奴才要善于猜测主子的意思，才能当好差事。同样，好主子也要及时洞明奴才的想法，才能搞好管理。否则，被奴才算计了都不知道怎么回事呢。

当阖宫上下都在看着皇上的脸色行事时，皇上也同样在养心殿琢磨各宫的伎俩。年羹尧啥目的？隆科多啥名堂？敦亲王啥意思？果郡王咋回事？

甄嬛抱病避宠时，就是及时洞察了宫女奴才们的不满，就是发现了这些人的思想问题，于是才及时遣散了他们，只留下对自己忠心耿耿的人。

而她恰恰没有及时洞察安陵容的自卑、嫉妒、误解之心，才给了她伤害自己的机会，被安陵容和皇后钻了空子。

在洞察自己的亲妹妹浣碧的心理问题上，她也反应慢了些，才被华妃势力集团算计了一把。好在亡羊补牢为时未晚，她行动迅速，才避免了浣碧坏了大事。

在现代职场上，因为"小主"大脑迟钝，被员工黑一把也是很常见的。

某公司来了一位刚毕业的大学生，他浑身充满朝气，上学时曾利用课余及假期打工，颇有工作经验。初进公司时他对于公司的不完善处提了许多中肯的意见，但是都没有受到上司的重视。相反，上司由于自身管理经验的缺陷，认为他的想法太天真，不想改变现有的运作方式。几次下来，他屡屡受挫，慢慢地变得沉默寡言，每周五的例会上不再对领导发表自己的看法，只是默默地做着上级交代的事。

但对另外一些事情，他很是积极，他积极地收集和公司有关的信息资料，他有计划地整理手头的资料；利用公司的复印机拷贝某些有用的文件；通过打印机打印出电脑里储存的档案。还和行政小女孩套近乎，陪她加班，还编借口说，我想提高一下我的策划能力，领导让我多学习一下以前的成功企划案。你把这几年咱们公司比较成功的案子发给我看看好吗？

终于到春节放假了，这位新员工领着年终奖喜滋滋地回家过年了，年后，大家都按时回来上班了。这位员工却未返回工作岗位，仅打电话过来跟经理说自己感冒了。这时，公司里纷纷传开他在年前就有跳槽的意向，对公司的环境不满意，很早就想另谋出路，只是迫于在当地很难再找到一份合适的工作，所以一直没有行动。这次回家刚好有机可乘，假装托病实是忙着找工作。

可经理却不以为然，巴巴等着这个早有二心的员工回来。

一周过去了，这位员工回来了，提出了辞职的申请。而这时候，恰恰是该公司最忙的时候，经理一下子傻眼了，还被大老板批评了一通。

其实，从那位员工一开始例会上一改常态沉默寡言时开始，经理就该意识到他产生了背离之意。可是他却浑然不觉，由着人家万事俱备：该领的钱领了，该取的公司机密取了，下家也找好了，这时候才得意扬扬地跟他说拜拜。真是傻透了。

管理就是管人，要管人，首先就得善于洞察下属的心理，就得学会观察下属的言行举止，这样才可以使管理工作达到事半功倍的效果，减少管中的不愉快或摩擦，提高管理效率。

人所有的心理想法都会在外在的表情和行为上有所反映，形成"异动"。比如浣碧，被曹贵人所用后，她会主动跑到内务府领取木薯粉，还把木薯粉倒掉。当她和果郡王单线联系上之后，她再次见到果郡王时就不会行大礼。再以常见的员工辞职为例，员工在打算跳槽前通常会有这样的迹象：上班时间不时接到私人电话，因为联系工作之故，这些电话可能是他的朋友、亲戚纷纷帮忙打听，将各种招聘信息传递给他。如某公司正需要他这种专业人才；某时某地有个人才交流大会举办；或者某某报纸杂志刊登了某条招聘启事，建议他不妨去试一试。当然，这些电话也有可能是有意聘用他的公司的人事部打来的。这时候该名员工大多会小心翼翼地看看四周，谈话的重点内容别人通常是听不清楚的，因为他可不想在未找到新工作前就被炒鱿鱼。

病假也是最有可能的应聘借口。因为找工作经常要去应聘，所以下属亦会常请病假，其实他不是真的生病，而是装病去应聘。另外，由于应聘之故，下属的午膳时间有所改变，可能早走一点。

此外还有情绪的突然转变，日常生活用品的突然减少等等，这些都是员工有去意的征兆。

这一举一动的异常表现，都是人心有变的提示音，需要顶头上司保持敏锐的洞察力，早发现，早防患。领导应与员工及时沟通，了解他们的所思所想，这样可以一方面提高员工的工作积极性，另一方面也能避免给组织带来伤害。

9 得罪"小人物"，你伤不起

和普通领导者比起来，甄嬛有一个难能可贵的地方，她尊重小人物。教习的姑姑、各宫的太监宫女、甘露寺的姑子等等，无论位份大小门第高低，她都彬彬有礼。比如她对甘露寺的同事莫言就很尊重，莫言对她也不赖，处处帮着她，替她打抱不平。最可贵的是当莫愁有病期间又被静白一伙人无事生非赶出甘露寺，大雪天里，是莫言背着她前往凌云峰。

后来关键时候莫言还出来替她做证，证明她和温实初的清白。这才保全了甄嬛和孩子的性命！

所以，小人物的作用不可小觑！

小人物会坏你大事

有这样一些人，在职场中，他们扮演的角色似乎不太起眼：司机、门卫、停车场保安、零杂工……看起来，他们既决定不了你的薪水，更左右不了你的升迁，你的日常工作也与他们八竿子打不着。但如果你真的因此而认为他们是无足轻重的"小人物"，那就大错特错了。

久经职场考验的"老人"们说，这些岗位上的人，一旦与自己产生关联，你才会明白他们的重要。

林建是一家家装公司的业务代表，平日里都在外面跑，很少在单位露面。"因为公司去得少，很多人我都不熟"，林建说，有一回在电梯里，一个男人冲他微笑，"因为我不认识对方，我以为他是在跟其他人打招呼，也就没有回应"。

林建后来才知道，这个向他打招呼的男人是公司司机班的一名司机，"他认得我，我却不认得他"。林建说，回想起来，当时那位司机显得有些尴尬。

一个多月后的一个傍晚，林建出去请客户吃饭。车开到半路上，抛锚了，正值晚高峰，又打不到出租车，眼看着离约定的时间越来越近，林建心急如焚。"因为那次是我请客吃饭，理应比客人先到"，林建说，而且，那位客户非常重要，如果谈得顺利，他可以在那位客户那里完成全年三分之二的销售任务。于是，林建给公司的司机班打电话，向他们求援。他向接电话的值班司机说了自己的详细方位，希望司机能开车送他过去。报出自己的名字后，林建发现，这位值班司机的态度变得有些漫不经心，"一会儿说自己对那个区域不熟悉，一会儿又说暂时走不开"，经过林建的软磨硬泡，值班司机答应过来接他。

"连堵车最多开二十分钟的路，司机将近一个小时才到"，林建说，客户在饭店等了五十分钟，"合作结果可想而知了"。而林建也惊讶地发现：当天值班的司机正是电梯里跟他打招呼的那位。"一路上我们默默无言"，林建说，他很想找点话题出来说，却不知该如何开口，"气氛很奇怪"。

这件事让林建明白了一个道理：千万不要忽略身边那些"不起眼"的同事，说不定哪天，他能够让你快要到手的业务全给"泡汤"了。所以，有经验的职场人会懂得给自己留条后路：不小看那些"小人物"，不轻易得罪那些"小人物"。

林之前其实并不认识那位司机，但司机却把林的举动当成了一种对自己的"不尊重"。与其说是"得罪"，不如说这是由于信息沟通之间的不协调、不对称造成的。但等到林明白过来的时候，已经晚了，损失已无可挽回。这样的情况在职场上也并不少见。

"小人物"背后有"大人物"

况且有时候，一个看似"小人物"的背后，往往站着一位"大人物"。比如内务府的那位黄规全不就是华妃的亲戚嘛。

作为一家大型集团公司，晓羽的岗位实在不起眼：每天早晨，她去大门口的收发室拿回办公室同事们的信件；上午帮忙收发、回复一些公函、电子邮件；下午排一排食堂第二天的菜单。要是办公室谁需要更换新电脑，或者需要领一些笔、胶水、剪刀、订书机之类的办公用品，也是报到晓羽那里，由她负责统一领回。在研发部的年轻女工程师小芮看来，晓羽这样的女孩就是办公室一个零杂工。

小芮毕业于名牌大学，是一个理工科博士，浑身上下透着清高气。"她成天事情不多，除了做做杂活，就是上网扫货"，小芮这样评价晓羽。她说，自己平时几乎不和晓羽讲话。"有一次，她电脑出了点故障，网购的页面都打不开了，看到我经过，就让我帮忙"，当时，小芮正在赶一个新产品的调试报告，忙得团团转，"她倒好，就因为网购不了要让我坐下来帮她弄"，小芮淡淡地拒绝了，晓羽显然很尴尬，满面通红。

过了不久，小芮就感觉到自己所处的环境发生了微妙的变化。"经常是我的快递延后很久才到我手中"，小芮通过查询到达时间得知：这延后的几天，快递其实一直躺在集团收发室。"我问过晓羽，她总是一脸无辜地跟我说：没看到啊！"还有一次，小芮的电脑坏了送去技术室修，需要临时领一台备用电脑。晓羽磨磨蹭蹭不把小芮的报告送上去，小芮问她，她就说还有几个同事需要领备用电脑，到时候一起报上去。小芮生气也没用，"我要是强领，她就可以说我不按程序办事"，没办法，那几天，她只能把自己家里的笔记本电脑搬到办公室用。

最让小芮记忆犹新的是，有一次在食堂吃饭，正巧碰到了集团的某个领导，"他特意把餐盘端到我这边来，跟我边吃饭边聊天"，小芮平时与领导层打交道并不多，正感到奇怪，领导发话了："小芮啊，工作是好的，但人际关系也很重要啊，把自己关起来做科研的同时，也要注意团结同事……"那顿饭，小芮吃得很不是滋味，她总觉得领导是话里有话。

小芮的猜想在一个星期后得到了证实：那位集团领导正是晓羽的亲戚！那一瞬间，她什么都明白了。

其实，无论"大人物"还是"小人物"，我们正确的做法就是：摆正心态、放平眼光，在职场中，对身边每个人都做到"一视同仁"。长此以往，你会在某个不经意的时刻感受到"小人物"的重要，获得来自"小人物"的温暖和便利。

当然，小人物因为职位卑微，人微言轻，职场上可能不被重视，不过，有时他们也会起到微妙的作用。像甄嬛也吃过"小人物"的亏。比如熹贵妃产下双生子之后受凉咳嗽，她身边的小宫女斐雯因为忘记关窗而被皇上责罚，拉出去掌嘴，被剪秋看到，从而被拉拢过去做了奸细。明明不关甄嬛的事，还是被这个小人物给算计了一把，滴血验亲时她当了证人，说熹贵妃和温实初有授受之亲。

所以，作为领导者，不仅要做大事，也要顾及小事。不仅要侍候大人物，也要照顾好小人物的感受。否则，不知不觉地被小人物给捅一刀，那就惨啦。

对你好是情分，不对你好是本分

——《甄嬛传》里的无敌处世箴言

1 如果皇上心里没数，谁有数都不算数

在宫里，皇上是最大的老板，皇上的意思就是圣旨，不容违抗。因此，要想在宫里混得好，就得唯朕意是从。

沈贵人落水事件，其实大家都心知肚明是华妃在使坏，包括皇上，但皇上不发话，不定论，于是没人敢揭发，连皇后都不敢吱声。

皇后为何不说？且看她与侍女剪秋的对话：

皇后："只是这墨虽好，却比不上翊坤宫那儿的用场大。"

剪秋："翊坤宫的墨是用来调虎离山，取人性命，用场虽大，干的却是作孽的事。"

皇后："知道就好了，别挂在嘴上说。"

剪秋："是。但娘娘您真的不管沈贵人落水的事吗？"

皇后："你看华妃方才来请安时趾高气扬的样子，就该看得出来，皇上已经有了定夺，本宫是心有余而力不足啊。"

剪秋："反正这是谁做的，咱们心里都有数。"

皇后："皇上心里没数，这件事谁有数都不作数。皇上只想后宫能够安宁太平。有些事情不了了之也就算了。"

作为受害人，沈眉庄自己也是这样做的。当时甄嬛问她："姐姐准备怎么办？"

她说："我能怎么办，我无凭无据，她又是皇上多年所爱，我会对皇上说，是我自己不小心失足落水。"

甄嬛："眼下看来，只有如此了。"

"皇上心里没数，这件事谁有数都不作数。"槿汐也说过这样高深的话，"这嫔妃之间的争斗、是非，都是最不重要的，重要的是皇上愿意相信谁，所以小主与其在这里伤心难过，不如多想想如何让皇上少疑心。"

同样的法则也适用于职场。在现代职场，领导的旨意是不能触碰的职

场高压线。俗话说，谁的地盘谁做主，谁的天下谁说了算，同样，谁的公司谁当家，谁的部门谁负责，这是身在职场的你，和领导厮混时应牢记的准则。

每天在职场上讨生活度日，难免会遇到不公平的事，看不惯的事，那时候，千万别因为咽不下那口气而和人起冲突，要始终和大老板的态度保持高度一致，老板说什么就是什么，老板说啥就是啥，万不可和他较劲，鸡蛋碰不过石头，胳膊拧不过大腿，这是必然的。你看皇上平时把菀贵人看得那么重，给她那么多荣宠，也不允许她逆着皇上的旨意。皇上认为敦亲王不好，她就得说敦亲王不好。皇上说钱名世是罪人你就得说他是罪人。你不顺着皇上说，遭殃的就是你。甄氏一族就是因为在这点上和皇上较真而受了罪。

韩新是一家超市客户服务部的员工，该部门经理是从销售部调过来的，刚上任就宣布了新的绩效考评标准：退货率尽量控制到零，办不到的就扣除奖金。

韩新听后立即叫苦连天，很明显，新上任的部门经理把他在销售部的管理制度原样照搬到客户服务部来了。可有时候，产品质量确实存在问题，顾客执意要退货，那也只能做退货处理。

韩新觉得新上任的部门经理不了解实际情况，有些瞎指挥，于是就对部门经理说："你的决策是错误的，你不能把销售部的管理制度原样照搬到客户服务部来。"

新上任的部门经理对韩新说："你按照新的管理制度执行就是了，如果你不愿意执行新的管理制度，可以辞职。"

古往今来，下级服从上级似乎是天经地义。只要"朕意已决"，你就举手表决通过就是了。即使你理解不了，也要接受，为了缓解难受，你可以想象，领导那样做或许有你所不知道的理由，领导也有领导的难处。但当你将目光的聚焦于现实时，桀骜不驯的"刺头"却不乏其人，甚至每个人都有过刁难、冲撞领导的"惊险一刻"；同样是服从，领导的感受却大相径庭……世事纷纭迷人眼，唯有服从是灵丹！

2 甄嬛说：别人对你好是情分，不对你好是本分

香港著名主持人梁继璋先生在给儿子的一封信中写道："在你一生中，没有人有义务要对你好，除了我和你妈妈。至于那些对你好的人，你除了要珍惜、感恩外，也请多防备一点。因为，每个人做每件事，总有一个原因，他对你好，未必真的是因为喜欢你，请你必须搞清楚，而不必太快将对方看作真朋友。"

据说，这句话在微博上风行一时。

这样的话，甄嬛也说过。

甄嬛为了掩盖锋芒，不当出头鸟，故意装病逃避侍寝，于是招人不待见，浣碧姑娘为她抱不平说：

"自从小主生病以后，除了沈贵人、安答应和淳常在常来看望外，连阿猫阿狗都没有再上门的了。这几日啊，我见那些宫女太监们都懒懒的，我才嘱咐他们几句，连小印子都敢跟我拌嘴了。"

她以为甄嬛会和她一样埋怨，可是小主一点儿都不当个事儿，而是平心静气地说："情理之中的事，他们愿做就做，不愿做也罢了。"

而后来甄嬛对皇上心灰意冷后，无意争宠，安于清淡，自己做冬衣，对下人充满了歉意。

甄嬛："如今差不多的针线活儿，都得你们自己在做，是我叫你们受累了。"

槿汐："哪里呀，拜高踩低嘛，这宫里历来如此，现在内务府的人啊，正忙着为安贵人缝制蜀锦新衣呢。"

甄嬛第二次身孕，正被幽禁中，皇上不看，无人问津，浣碧姑娘又抱怨：

"小主都已经五个月了，皇上也不来看看。"

甄嬛："皇上该厌极了我。"

槿汐："皇上不来咱也没奈何，倒是端妃和敬妃总是托温大人送来安

慰的话，只是那安嫔却从来毫不问津，看了让人真是心寒。"

甄嬛："世态炎凉，从来同富贵易，共患难难，人心如此，我又何必心寒。"

还有一次，安陵容喉疾好了，借唱歌又获圣宠之后，恰逢甄嬛落魄，流朱嫌安陵容不替甄嬛求情，甄嬛又劝服她说："别人对你好，那是情分，不对你好，那是本分。"

是的，明智的人从来不强求别人非得对自己好，因为原本就没有谁生下来就有义务要对谁好，包括我们的父母。

有这样一个故事：A送鸡蛋给B吃，第一天，B感到很不好意思，半推半就接受了，心存感激；第二天，B连声说感谢，接受了；第三天，B说了声谢谢，接受了……第七天，A没有给B鸡蛋，而是把鸡蛋给了C，这个时候B就心生怨念，说A很小气，还一直气愤地想："为什么A不把鸡蛋给我？"

而甄嬛，就因为自己一开始扮演了那个不停给安陵容送"鸡蛋"的A，惯坏了她，安陵容就成了B，觉得甄姐姐就该持续不断地给她送"鸡蛋"，给少了都不行，所以才心生恨意，恩将仇报。这是甄嬛的教训，也是我们的教训，这样的事例在生活中极为常见。

场景一：

李曼的电脑经常死机，每次出故障，都是王燕帮她解决。"王燕，我这电脑又死机了，你快点帮我看看，我赶着做表。"李曼着急地说。"李姐，我这手头有点急事，你让别人看看吧。""每次都是你弄，这次还是你弄吧。"可是王燕因为忙，把修电脑的事忘了。结果，第二天，李曼不高兴了。"你看你，昨天我还嘱咐你了，你怎么就能忘了呢。"李曼嗔怪道，"现在都用不了，多耽误事儿啊。"

"可是，这修电脑并不是我的工作啊。"王燕觉得很委屈。

场景二：

晓敏是办公室里新来的文员，她为人随和、热心肠，而且无论是对待工作还是日常与人交往，做起事来总是非常尽心。

每天，晓敏都要给经理送一趟当天的传真和资料，而几乎每隔两天，

同屋的小王也要把报表拿给经理签字。有一次正好小王要送报表，晓敏便好心地替她捎了过去。"太谢谢了，省得我跑了。"小王在一旁不停地感谢着。两天后，又赶上小王送报表，晓敏又主动提出顺路帮她送去。慢慢地，每次送报表，小王都让晓敏帮她送。

可有一次，晓敏忘了给小王送了，"你今天怎么没给我送啊？"小王看着从经理办公室回来的晓敏，不高兴地说，"下回你去送资料时告我一声啊。"说完，拿着报表走了出去。"我……哦。"晓敏也有些不高兴，但却没说什么。

在生活中，一定要时刻保持一种"感恩的心"，假如你受到了别人帮助，不管是一次还是数次，都不应该把这种好心看作理所当然，因为没有谁是应该或必须帮助你的。可是，现实中，接受帮助的一方就会对施以援手的人存在依赖感，时间长了就变成"应该的"了。被帮助的，习惯成自然；帮人的，自然就不习惯了。这样一来，别人的"恩"也会在不知不觉中"一笔勾销"了，矛盾就出来了。

还有一点需要提醒的是，你对别人好，也不要期待别人对你同样的好，因为你无权控制别人，别人怎样对你，那是别人的自由。而你对自己好不好，就是自己的责任了。倘若你因为曾经对别人好，而别人没有对你同样的好，而怀恨在心郁郁寡欢，那就是你自己的罪过了。

今年春节期间，我回老家过年，看望高中时的语文老师。语文老师后来成了我们那里的教育行政部门的负责人。当他看到我的刹那，脸上露出惊喜的神色，紧紧拉着我的手说："还是你这孩子重情义，我退下来后就很少有人上我家门了，那帮人都是'势利眼'，过去，都巴结我，整天围着我转，我也没少帮他们。我下来了，就再也见不到影子了。我有事情找他们帮忙，他们都推托。我一直在为这事生气！"

老师越说越气愤，脸上因气愤而变得有些扭曲了。看着昔日的老师义愤填膺地控诉，我真替他难受，不是说人越老心态越平和吗？他如此计算着恩怨情仇的，如何安度晚年呢？同时我为自己无事找他纯属拜访而庆幸，否则我不也成为他眼中的那帮"势利眼"了吗？

生活中，我们常常觉得自己不快乐，并不是自己缺了什么，而是觉得别人对自己不够好，特别是在失落时，这种心理表现更加强烈。我们看别人是长着一双势利眼，而别人看我们，又何尝不是长着一双势利眼？

人情不过是浓淡，地势无非是高低，凡事看开了，才能不失意。

3 听一听敬妃的心里话：做精明的厚道人

若问最珍贵的个性是什么？答案有很多，比如真实、善良、诚实、单纯等等。这样的个性不乏光辉，但绝不是成功的样板。

宫里不乏厚道的好人，大人物比如纯元皇后，小人物比如那个小福子。中层干部比如淳贵人。他们都挺厚道的，但人生结局都不怎么如意。

生活中也是，很多人都在抱怨好人没好报，总是出现"我本将心向明月，奈何明月照沟渠"的不对称现象。好人之所以没好报，就是因为他们不够精明。考虑问题不够周全，常常授人以柄弄得自己很被动。

关于这一点，敬妃有高见。圆明园内，温宜公主的周岁庆典上，敬妃拉甄嬛出去说了悄悄话："妹妹心善是好事，可在这宫里，只一味地心善就只能坏事了。"

所以，人之为人，最珍贵的个性应该是：为人厚道，处世精明。在普通人的观念里，厚道和精明是相冲突的，甚至是完全对立的，一个善良的人，总是不够精明，被人利用，自己的利益总是受损。而一个精明的人总是善于投机取巧，耍花招蒙蔽他人，损人利己。其实这二者是可以统一起来的：做人厚道，处世精明，简称精明的厚道。这就意味着，要善良，又不能死心眼。

要论起为人厚道、处世精明，苏培盛和槿汐堪称典范了。他们本性善良，待人厚道，对主子忠心耿耿，说话办事滴水不漏。对于好人，他们可以掏心挖肺，但应付坏人，他们也游刃有余。他们善良，但又精明到这种善良不被小人利用，无空隙可钻。这样的个性，才是该大力提倡的。

有这样两个人，小张和小夏，他们俩都不在北京，但都在北京有一套

房子要出租。小张很善良，这些年来一直委托给中介公司帮他打理，中介公司跟他签了三年的合同，因为价格低啊，中介当然希望这样长期签了。三年的合同到期，小张想加价，中介不同意，于是就不合作了。可这中介公司利用关系的便利，和他的同行联手做局给小张看，故意让另外的中介公司打电话给小张，询问价格，每次小张一报价，对方就嫌太贵。好几家中介公司打过来，都嫌价格高，小张心里开始着急了。最后不得不再去找原来的中介公司租他的房子。善良的他哪里想到这是原来那家中介故意使的坏呀。

而小夏人很精明，他是一年一年租给中介。每年都涨价，而且涨价幅度很大，前两年中介公司因为太看中他房子的地段了，勉强答应了下来。可是今年他又狠劲涨价，中介公司一看无利可图干脆不租了。小夏也不放心交给在北京的亲朋好友代为租房，他疑心重。就自己在网上发帖子，后来还专门飞到北京来出租房子。耽误了很长时间，费了那么大精力，后来一算还不如继续租给中介划算呢。

你看像小张那样做人太厚道了，容易被人算计，可是像小夏那样做人太精明了，也得不到太多的好处。所以，最好的做法应该是给中介公司一定的利润空间，自己也有所收成，在这样的心态下出个合适的价格合作。这才是精明的厚道。

假如你是个业务员，你精明的厚道就是找到产品和客户需求的契合之处，用专业的态度和准确的需求分析，合理运用战术，直击客户的心动之处。假如你是个零售商，你精明的厚道就是让客户分享你的利润空间，而不要贪得无厌。

有人说：做生意也要如此厚道吗？

是的，越是做生意的人，越要厚道，因为，在商场上，精明的极致就是厚道。

有位建筑商，年轻时就以精明著称于业内。那时的他，虽然颇具商业头脑，做事也成熟干练，但摸爬滚打许多年，事业不仅不见起色，最后竟还以破产而告终。

在那段失落而迷茫的日子里，他不断地反思自己失败的原因，但想破脑壳也找寻不到答案。论才智，论勤奋，论计谋，他都不逊于他人，为什么别人成功了，而他却离成功越来越远呢？

百无聊赖时，他到街头闲转，路过一家书报亭，就买了一份报纸随便翻翻。看着看着，他的眼前豁然一亮，报纸上的一段话如电光火石般击中他的心灵。他迅速回到家中，把自己关在小屋里，整夜整夜地进行思考。

后来，他以仅剩的一万元为本金，再战商场。这次，他的生意好像被施了魔法，从杂货铺到水泥厂，从包工头到建筑商，一路顺风顺水，合作伙伴争先恐后。短短的几年内，他的资产就突飞猛进到一亿元，创造了一个商业神话。有很多记者追问他东山再起的秘诀，他只透露四个字：只拿6分。

又过了一些年，他的资产如滚雪球般越来越大，达到了一百个亿。有一次，他来到大学演讲，其间不断有学生提问，问他从一万元变成一百亿到底有何秘诀。他笑着回答，因为我一直坚持少拿2分。学生们听得如坠云里雾里。望着莘莘学子渴望成功的眼神，他终于揭秘了一段往事。

他说，当年我在街头看见一张采访李泽楷的报纸，读后很有感触。记者问李泽楷，你的父亲李嘉诚究竟教会了你怎样的赚钱秘诀？李泽楷说，我的父亲从没告诉我赚钱的方法，只教了我一些做人处世的道理。记者半信半疑。李泽楷又说，父亲叮嘱过，你和别人合作，假如你拿7分合理，8分也可以，那我们李家拿6分就可以了。

说到这儿，他动情地说，这段采访我看了不下一百遍，终于弄明白一个道理：精明的最高境界就是厚道。细想一下就知道，李嘉诚总是让别人多赚2分，所以每个人都知道和他合作会赚到便宜，所以更多的人愿意和他合作。

如此一来，虽然他只拿6分，但生意却多了100桩，假如拿8分的话，100桩会变成5桩。到底哪个更赚呢，奥秘就在其中。我起初犯下的最大错误就是过于精明，总是千方百计地从对方身上多赚钱，以为赚得越多就越成功，结果多赚了眼前，输光了未来。

演讲结束后，他从包里掏出了一张泛黄的报纸，正是采访李泽楷的那张，多年来他一直珍藏着。报纸的空白处，端端正正地有一行毛笔书写的小楷：

7分合理，8分也可以，那我只拿6分。他说，这就是一百亿的起点。

大部分人都是精明有余厚道不足。疑心太重，两手准备，以最坏的恶意推测他人，势必把自己武装到牙齿。少数善良的人则是伤痕累累，哀叹着为什么受伤的总是我。

落实厚道的精明要领之一，要做到不诋毁你的竞争对手，你如果这样做了，你的口碑会变臭的，搞不好还会两败俱伤。

要领之二，牢记贪者必贫、诡计如药自带三分毒，做人做事要本着良心做，要留有余地。比如你向客户推荐一款他根本不需要的产品或服务，这就是一种贪，一种诡计，你是在诱导他们做毫无必要的激情消费。

要领之三，责任是支撑你的得力武器。有的人厚道却愚钝，有的人精明却不厚道，这其实都是缺乏责任感的表现。如果你对自己、对亲人、对他人有着深刻的责任感，你会把厚道和精明兼顾得很好，因为责任感使然，逼迫你让自己完美，以便肩负使命。

4 自戕，以求生存

在紫禁城，自戕是生存之道。果郡王说："淡泊自抑，才是在皇上身边的生存之道。我自抑是为额娘，额娘自抑是为我。"

自戕也是获取他人信任尽快上位的技巧。安陵容在甄嬛一度失势再度受宠后，为了获得她的再度信任，不惜自残手腕，以血入药，奉送甄嬛，这种自残，就是为了获得他人信任。

温实初被滴血验亲后，也是靠自戕才活下来的，以自宫保全了性命，让皇上相信了他的清白，保全了甄嬛，保住了他和沈眉庄的事没有暴露。

关于自戕，甄嬛也是懂得的。在甄嬛的人生轨迹中，最轰轰烈烈的事情就是去甘露寺了，她主动请缨，这是图个啥子哟？

不解对吧？三十六计的第十一计是什么你晓得不？"势必有损，损阴以益阳。"意思是：不得不遭受损失，就损失次要的利益，增加重要的利益。

此语出自《乐府诗集·鸡鸣》："桃生露井上，李树生桃旁。虫来啮桃根，李树代桃僵。树木身相代，兄弟还相忘？"

甄嬛在生下胧月公主后，境况惨不忍睹，家人被发配到极其苦寒的宁古塔，跟皇上也吵翻了，皇后可以随时诛杀她女儿，且不必担太大风险。没好爹，没后台，没人气，甄嬛再待下去，怕是甄氏族中上下都会有生命危险。怎么办？甄嬛到底历史学得好啊，那就壮士断腕求存吧，千辛万苦评上的职称不要了，工资不要了，福利、五险一金神马的都不要了，带着自个的金刚小团队出家了。正是这种以自戕求自保的决绝，让她远离了宫斗，让女儿胧月公主无性命之虞，她在凌云峰休养生息不说，还有空间和时间开展了一段轰轰烈烈的婚外情。

别看甄嬛这弱女子，她和"汉初三杰"的萧何是一个路子。

汉高祖铲除异姓王后，对萧何更加恩宠。除对萧何加封外，刘邦还派了一名都尉率500名士兵做相国的护卫。很多人都来祝贺，萧何自己也非常高兴。

当天，萧何在府中摆筵庆贺，喜气洋洋。突然有一个名叫召平的人穿着白衣白鞋进来吊丧。萧何见状大怒。召平对萧何说："相国，您的大祸就要临头了。皇上在外风餐露宿，而您长年留守京城。您既没有什么汗马功劳，又没有什么特殊的勋绩。皇上却给您加封，又给您设置卫队。这是由于最近淮阴侯谋反，因而也怀疑您了。安排卫队保卫您，这可不是对您的宠爱，而是为了监视您。希望您辞掉封赏，再把全部私家财产都捐给军用，这样才能消除皇上对您的疑忌。"

萧何听从了他的劝告。刘邦果然很高兴。同年秋天，英布谋反。刘邦亲自率军征讨。他身在前方，每次萧何派人输送军粮到前方时，刘邦都要问："萧相国在长安做什么？"使者回答，萧相国爱民如子，除办军需以外，无非是做些安抚、体恤百姓的事。刘邦听后默不作声。使者回来后告诉萧何，萧何也没有识破刘邦的用心。

有一次，他偶然和一个门客谈到这件事。这个门客忙说："这样看来您不久就要被满门抄斩了。"萧何大惊，忙问原因。门客说："您身为相国，功列第一，还能有比这更高的封赏吗？况且您一入关就深得百姓的爱戴，到现在已经十多年了。百姓都拥护您，您还在想尽办法为民办事，以此安抚百姓。现在皇帝之所以几次问您的起居动向，就是害怕您借关中的民望而有什么不轨行动啊！如今您何不贱价强买民间田宅，故意让百姓骂您、怨恨您，制造些坏名声。这样皇帝一看您也不得民心了，才会对您放心。"

萧何长叹一声，说："我怎么能去盘剥百姓，做贪官污吏呢？"门客说："您真是对别人明白，对自己糊涂啊！"萧何又何尝不知道这个道理，为了消除刘邦对他的疑忌，只得故意做些掠夺民间财物的坏事来自污名节。不多久，就有人将萧何的所作所为密报给刘邦。刘邦听了，像没有这回事一样，并不查问。当刘邦从前线撤军回来，百姓拦路上书，说相国强夺、贱买民间田宅，价值数千万。刘邦回长安以后，萧何去见他时，刘邦笑着把百姓的上书交给萧何，意味深长地说："你身为相国，竟然也和百姓争利！你就是这样'利民'啊？你自己向百姓谢罪去吧！"

刘邦表面上让萧何自己向百姓认错、补偿田价，可心里却窃喜，对萧何的怀疑也逐渐消除。

但凡手里有些权势的人，都是善妒多疑的，这是自然，世人都爱功名利禄，他们手里赚着这些，自然怕被别人抢了去。为了避免成为强者砧板上的鱼肉，你得想法子把自己"弄伤"。

自戕不仅是将相之术，平头百姓的生活中也离不开这样的智慧。有个女人，她本是某银行的清洁人员，老公因为有了外遇，要和她离婚。她这里闹那里闹，老公非离不可。可是这时候，因为她状态不好，单位把她解雇了。情场失意，职场也失业，这位彪悍刚强的女人顿时蔫了，突然变成了小绵羊，她哭啼啼地对老公说："算了，你走吧，我一个又老又丑的女人，也不值得你留恋。我什么都不要，车子房子票子都不要，只要孩子，以后我也不找男人了，就我们娘俩相依为命，你总得给我留个精神寄托吧？"

听老婆说了这一通临别感言，原先非离不可的男人突然软下来了，同情怜悯加自责等等因素齐上心头，他突然决定不离了。

女人真没想到，这突然的失业竟然拯救了自己危在旦夕的婚姻。

自戕以求自保是每个人都应该牢记的为人处世的原则，当感受到潮流及自身环境变化的威胁时，你强不过，就要弱下来。自抑，自贬，重新给自己规划条路，就算之前的经验积攒得有多么不易，之前获得的晋升有多么苦情，该放弃的时候，要勇敢放弃。否则，等到刀架在脖子上，你就知道除了没早点下手买房，你又做错了一件人生大事。

5 做别人需要或者期待你做的事

殿选前，济州协领沈自山之女沈眉庄在闺阁里被妈妈和一帮下人围着，进行最后一次模拟测试。沈大小姐步履轻，腰肢软，说话柔，眼神含情，举手投足皆有礼数，拿捏得都很出色，入选是把里赚的事，但细心的母亲还是问了一句："若是皇上问你读过什么书呢？"

沈眉庄自信满满地回答："《诗经》《孟子》《左传》。"

沈母提示她："错啦！皇上今天是选秀女，充实他自己的后宫，繁衍子嗣，不是考状元、问学问的。"

下人也就势插嘴说："女子无才便是德。"

沈眉庄这才明白，自己理解错了，乖乖吸取了母亲的教诲。

沈眉庄读过不少书，自然是实情，但她实话实说，恐怕会得罪皇上，不符合皇上的需求和期待。皇上需要的是一个女人，能养眼的，不惹事的，省心的人，陪伴他愉悦他的女人，而不是一个治国的人才。因为这不是科举考试，也不是比武，皇上不是在招募大臣，而是在招聘服务员。

果然，在招聘大会上，皇太后问了她："可曾读过什么书？"

沈眉庄："臣女愚钝，看过《女则》《女训》，略识得几个字。"

皇上："这两本书都是讲究女德的，不错。"

皇上："读过'四书'吗？"

沈眉庄："臣女不曾读过。"

沈眉庄投其所好的回答，即刻打动了太后和皇上，被当即留下。

所以，我们说话做事，要考虑对方的需要，在回答问题前，要考虑对方期待的答案。

有这样一位郁闷的婆婆，这位老人很能干，很要强，也很疼爱自己的孩子。退休后，婆婆受不了清闲，想继续发挥余热，就从长沙老家来到北京，帮儿子儿媳做家务，以减轻孩子们的负担。

她很节俭，为了帮孩子们省钱，她住在西五环，却每次都跑到几十公里之外的东五环的某菜市场买菜，还经常买回一些不新鲜的歪瓜劣枣。在乡下老家时，她每天都走很远的路上山打泉水，扛着二十多斤的桶上上下下。她甚至还开辟了一块地，自己种菜。每天早上出去浇水，满头大汗浑身泥污地回来。孩子们的衣服，她不由分说，抓过来就洗。为了证明自己能干，她还跑到小商品市场学会了编织各种小玩意儿，每天晚上都熬到很晚，把眼睛都熬红了。

她可谓呕心沥血，每天大汗淋漓的，可是，并不讨儿子和媳妇喜欢。其实孩子们需要的无非是她能一日三餐做些可口的饭菜，拖拖地，把家里收拾得整洁干净一些。也就是说，孩子们期待她做的，她一点没做，反而帮倒忙，家里被她折腾得又脏又乱又差。不喜欢她做的，她做了很多很多，怎么劝都劝不停。所以，从她来后，家庭的幸福指数直线下降，每个人都很不爽。婆婆觉得自己累死累活付出了那么多，骨头都快累折了，孩子们还不领情，真是不孝。媳妇也很郁闷，好好的家庭环境被婆婆破坏了，极其脏乱，饮食质量很差，每天都吃些烂蔬菜坏水果，这婆婆是过来专门添堵搞破坏了。至于儿子呢，自然是"夹心饼干"了，两边都不给好脸，受够了夹板气。因为能干的老妈的到来，夫妻俩都走到离婚的边缘！

这位婆婆出力不讨好，是因为她没有出对力，本来儿子媳妇并不需要她来，她单方面决定就来了。二是来了之后，又没做对事，不需要她干的她热火朝天地干，需要她干的她啥都干不好。所以，干了不如不干。可她又闲不住。所以，尽是讨人嫌了。

一个人，要想说对话，做对事，讨人喜欢，就要站在对方的立场上考虑到对方的需要和期待，否则，爱越多，热情越多，越是错。由此想起俄国寓言家克雷洛夫的《隐士和熊》的寓言故事：一个隐士和一只熊做了朋友。

一次，隐士睡着了，这时一只苍蝇在隐士脸上乱爬，熊非常担心苍蝇会搅醒主人，便抱起一块大石头来打苍蝇，结果将隐士的头砸成了两半。这则寓言告诉我们，良好的动机，并不一定会产生良好的效果。你给的恩惠在别人那里有可能是麻烦，你给的情谊在别人看来可能是伤害。

辩证唯物主义者坚持一切从实际出发。主观愿望与客观效果相统一，是我们工作的出发点。那种只讲动机不讲效果，只讲热情不看需要，只凭"好心"不讲方法、不顾实际、不考虑对方的承受能力和对方愿不愿意、答应不答应的"蛮罚公鸡下蛋"式的强迫命令或者单方面付出，其结果只能是事与愿违，想好不一定得好。累死累活不一定讨好，根据对方的需要和喜好做出理智的判断，展开行动，才能皆大欢喜。

6 学会揽过诿功

兔死狗烹是一个悲情的字眼，它源自于司马迁《史记·越王勾践世家》："飞鸟尽，良弓藏；狡兔死，走狗烹。"常常指那些当权者当自己得势后，就把那些曾经追随自己，并立下汗马功劳的功臣杀掉。这个词也常常与卸磨杀驴连用，来增强那种悲情的意味。

为什么古代帝王们在拉竿子创业时会一个篱笆三个桩，而功成名就时就兔死狗烹卸磨杀驴呢？是因为帝王头头们怕臣子功高盖主。

为什么年羹尧会被赐死，因为他居功自傲，为人猖狂，已经严重威胁到雍正的皇权。

每每我们听到兔死狗烹时，总会骂帝王无情，可是有没有想过，是臣子们不够聪明，忘了给主子脸上不停地"贴金"。

聪明的员工在自己立了功时，总是不忘了赞美领导的指导有方，让领导分享成功的快乐。这方面，后宫里的人比前朝的人做得好。后宫的小主们每每被皇后或者皇上夸赞，都会低眉顺眼地把功劳先记在皇后管理有方

或者皇上有福之上。而前朝的臣子则仗着自己的才气或兵力，经常出言不逊。像年羹尧，就属于牛大了找死的那种。

那些不懂得与领导分享胜利果实的人，无非是担心领导会抢了他的既得利益。事实上，这种分享不但不会损失员工的既得利益，而且会有助于领导进一步重用员工。

在我国古代的官场中，有很多大臣善于把功劳归功于领导的指示的故事。

汉朝时，汉宣帝听说龚遂是一名能干的官吏，便派年已七十的龚遂出任渤海太守。当时，渤海一带由于连年天灾人祸，百姓流离失所，经常聚众造反。

龚遂到任后，努力鼓励百姓从事农桑，并减轻百姓的负担，休养生息。龚遂要求农家每人都要种一株榆树、一百棵茭白、五十棵葱、一畦韭菜，养两口母猪、五只鸡，以扩大食品的供给。并劝那些游侠和剑客回家务农。几年后，渤海一带的农民生活大有改观，百姓生活温饱有余。

龚遂治理有功，汉宣帝宣旨令他回朝，加以褒奖。

龚遂的手下有一个姓王的属吏，平时都以喝酒为乐，又经常说大话。姓王的属吏听说龚遂要回朝受功，就请求与他同往。随行的人纷纷反对，龚遂看对方非常执着，就带着他同行。到长安后，姓王的属吏听说龚遂快要去见皇帝了，便问他："如果皇上问你怎么治理渤海的，你怎么回答呢？"龚遂说："我就实话实说，要人尽其才，严格执法呀！"姓王的属吏一听，连连摇头说："这不行。你这样说无异于是夸奖自己治理有功。你要把功劳归于皇帝，说是皇上的天威，让四方的百姓受到了王化。"

龚遂接受了这个人的建议，把功劳都送给皇帝。汉宣帝听后非常高兴，对龚遂大加奖赏。

龚遂在汇报成绩时，本想把自己治理渤海的经验说出来，但后来还是接受了姓王的属吏的建议。龚遂前后做法的差异就在于，他开始的想法是彰显自己的功劳，而后来的做法是赞扬皇帝的威望。正是这前后的差异，让龚遂得到了汉宣帝的赏赐，有了更广阔的仕途。

如今的职场虽不同于古代的官场等级森严，但还是有上下级的观念。

当下属做出出色的成绩时，如果高傲地享受成功带来的快乐，忽视了对领导的赞美，领导就会觉得你居功自傲。很多时候，领导要的并不是下属的功劳，也不会把下属的功劳归为己有，领导要的只是下属尊重自己，在遇到好事时想着自己的一种态度。这种态度让领导感觉到自己的栽培和重用是有价值的，有回报的，是能够得到员工认同和尊重的。

所以，要成为企业里的"常青树"，要成为老板赏识的对象，你就要把自己挣来的荣耀多多地分给老板，往他脸上贴金，这样才能让他高兴。

很多人在讲到自己的成绩时，会先说上一段套话："在领导的指导下，在大家的帮助下……"这段套话虽然没什么新意，却有很大的妙用：显示你对领导功劳的赞美，表明你对领导的尊重。

相反地，如果员工在获奖大会上，只知道大谈自己的努力与艰辛，丝毫不涉及领导的帮助，那么，领导会觉得成绩都是下属的，自己受到了冷落，很没有面子。

上面举的例子仅仅是维护老板尊严的表现之一。无论在工作上还是生活中，凡事你都应尽可能地让老板出风头，把老板推向前台，使他成为众人注目的焦点和风云人物。切记别中了老板试探你的圈套。有时候老板会把某个员工捧出来，称赞这个员工，并暗示"没有此人不行"。实际上，这只不过是老板布下的"迷魂阵"，目的只是看看在这位员工的眼里是否有他的存在。有些员工不明白这一道理，一朝得志便骄横放纵，结果得罪了其他同事，更得罪了老板。切记，即使你的能力再强，名气再大，老板再器重，你也要照顾好他的尊严。

7 真相未必美好，知道得多往往是祸

关于宫中的求生之道，江城太医说得最到位。

因为知道华妃不孕的真相，他每次给华妃娘娘把平安脉回来，都一脸不高兴。不明真相的弟弟自然是不解，心想，就咱哥俩今时今日这医术，这后台，这资历，谁能跟咱抗衡？飞黄腾达是指日可待的事，就觉得哥哥是无病呻吟。遂问起哥哥。

哥哥回答说："飞黄腾达？那是要会做人会惜命的人才能享受的，管好你的嘴，做好你的事，事不关己便作不知，这才是宫中的求生之道。"

在宫里，知道多了确实不是好事。关于这点，皇后娘娘已经明说了。甄嬛因为穿错衣而被囚禁，皇后的阴谋得以成功，事后她说："知道太多的人，命总是不长的。"

事实果真如此，多少侍女太监因为知道了主子太多的内幕而含冤死去？那些嫔妃们身边的丫鬟和小太监们，只能是充当她们宫廷斗争中的工具。他们被嫔妃们指使干坏事，而因为最了解嫔妃们的隐私，又是嫔妃们身边的定时炸弹，一旦事情败露，他们往往被当作替罪羊随意地杖杀，成为真相的殉葬品。华妃指使陷害惠贵人的丫鬟，琪贵人指使的丫鬟，等等，莫不都成为了杖下之鬼！那个可爱的"吃货"淳儿，也是因为误打误撞听到了华妃收受贿赂的事实，而被当场戕害。

知道真相会被别人整死，有时候也会把自己气死。

华妃是怎么死的？

是皇后整死的，是皇上赐死的，是甄嬛逼死的？都不是，是被真相害死的。

因为曹贵人向皇后告发年世兰的所有罪行，皇上震怒，不再过问此事，全权交给皇后处置，年世兰在冷宫中不肯就死，甄嬛来到冷宫探望，告诉了年世兰多年以来她之所以不能生育的真实原因，原来皇上对他和年羹尧早有防备，不让她生下属于年家血脉的孩子，赐她内含大量麝香的欢宜香。她邀宠的宝贝原来竟然是断后的毒药，年世兰知道真相，伤心不已，大喊了一句"皇上，你害得世兰好苦啊"，然后撞墙而死。

假如甄嬛不告诉她欢宜香里的真相，华妃不会死得那么快，说不定哪天皇上念起她的美貌和旧情，恢复她的位分也是有可能的。

还有皇上他老人家，也是这么死的，虽说年纪大了，乱吃仙丹吃得有点虚，但如果不是熹贵妃告诉他那些不堪的真相，知道静和公主是温太医的，孙答应和侍卫私通，他不会那么早就死掉。他是被熹贵妃逼死的，是被真相气死的。

所以，好多真相不知道是福。

去年秋天，我自己也吃够了真相的苦头。我一个比较要好的高中同学跳楼自杀了。我很心痛，关于死因，大家都说是经济原因。可凭借我对她的了解，她不可能因为钱的事轻生。于是我就挖空心思地打听，通过种种途径了解她自杀的真实原因。

本来她跳楼的血腥场面已经很恐怖了，加上我又了解到她死前有多种怪异表现，因而好奇心越发重了。我不停地猜测她到底为何自杀。我知道得越多越害怕，了解得越深就陷得越深，以致后来整个脑海全部被她跳楼的事件占满，我彻底失控了，睁眼闭眼全是她的影子，好像是鬼附身那么诡异。接下来就是连续二十多天失眠，神志不清，近乎崩溃。后来我看了心理医生，再加上不停地自我调控，在亲戚好友的联合护佑下，才走出那个阴影。

关于那段经历，现在想来仍然心有余悸。想想自己真是没有必要，人死不能复生，逝者安息，生者惜生才好。假如知道真相既改变不了现实，对自己接下来的生活也无益，那这样的真相还是不知道的好。

不仅真相不美好，真实的自己也不是美好的自己。

《非诚勿扰》中乐嘉也说过这样的话，他说，我花了十年的代价才悟出了这个道理：一直觉得我要做最真实的自己，管你们怎么讲，我就是我，根本不想为他人的言语而活。但是我混淆了一个概念，最真实的自己，不代表最美好的自己。

无论是真实的自己，还是真实的他人，都不是最美好的。

先来说说真实的自己。我们曾经因为小事儿而和爱人吵闹时，那是真实的自己，但却不是美好的自己，事后想来会后悔。我们义愤填膺地诋毁一个人时，在当时当地也是真实的愤怒的情绪，但不是美好的自己。事后会为自己当时的毫无度量和气量而羞愧难当。

再来说说真实的他人。每个人都有多重性格，是个多面体，面对不同的人不同的情景，会展示不同的侧面。何况，每个人都不是圣人，心里头

119

第五章 —— 《甄嬛传》里的无敌处世箴言

对你好是情分，不对你好是本分

私底下都有些不阳光甚至是龌龊的不为人知的黑洞。对于这些，从治愈的角度看，我们最好还是不要知道。

真实的你未必是美好的你，真实的他人未必是善意的他人，所以，人心和太阳一样，不可直视，关于真人、真心、真相，你没必要看得太透。真实不是福门，而往往是地狱之门。

8 浣碧说：没有利用价值，那才是穷途末路

浣碧那妮子虽势利，但她嘴里也能蹦出几句含金量极高的话。

甄嬛因丧子失宠，碎玉轩门庭冷落，浣碧哀叹道：

"日久见人心，现在才知道，那些曾经和咱们走得近的人，无非都是利用小主的恩宠罢了。皇上现在少来后宫，要去也只是去皇后和延禧宫那里，且不说'利用'两个字难听，要是没有利用价值，那才是穷途末路呢。"

流朱："你这话够难听，倒是也不差。"

浣碧："在这宫里，有利用价值的人才能活下去，好好做一个可利用的人，安于被利用，才能利用别人。"

曾经，对"利用"二字深恶痛绝，觉得怪势利小人的，可是听浣碧姑娘一点拨，结合三十多年的人生经验，倒也琢磨出一番新意来。若是把被利用说成被需要，就不那么刺耳了，其实都是一个意思，不过一个是经济学名词，一个是心理学表述。

人际交往是要有理由的，这个理由就是：交往能够带来物质或精神上的利益。你若无法给他人带来什么利益，那么你对别人就是没用的，长此以往你必然是孤独的、孤立无援的。如果你只会给他人带来负担或麻烦，甚至带来灾难，那么你一定会成为他人极力躲避或攻击的对象，甚至成为他人不共戴天的敌人。所以，被利用，绝对是一种荣幸。

做个有利用价值的爱人

她说她要和爱人离婚，我很震惊，想当初也是自由恋爱自由结合的，这刚有了孩子怎么就要离呢。问及缘由，她说："他对于我一点可利用价值都没有！"

我觉得她势利又肤浅，责问她："夫妻之间还谈什么利用啊，不就是相濡以沫搭伙过日子吗？"

她说："他在外面挣不到钱，养不了家，每天回到家里还抱怨，在单位受了老板的气同事的挤兑，回家就拿我和孩子当出气筒。任何家务活都不做，绝不染指，在家里他就是一个甩手掌柜的，衣来伸手饭来张口。还有，我病的时候他从来不会照顾我，他也不知道怎么照顾。更奇怪的是，他也没什么朋友。人情往来他嫌麻烦，家里有亲戚朋友来，他也不知道招待。"

哦，我本想说服她挽救一段婚姻呢，听她说到这份上，我反而支持她尽快离，离开这个"吸血鬼"男人。

做个有利用价值的朋友

她心地单纯，待人诚恳，是个很受欢迎的姑娘。因为她为人仗义，所以朋友们对她也很不错。她有很多好朋友，她是个"开心果"，有她在的地方就有笑声。她可以为朋友两肋插刀，朋友有事，她会放下自己的事不做，去帮朋友的忙。所以，她一直人气挺旺，人缘很好。

渐渐地，到了成家的年龄，她的闺蜜同学朋友们都结婚成家了，她还单着。她明显感觉到，朋友之间不像以前那么密切了，周末连找个逛街的姐妹都很难。已婚的朋友只有在和老公闹别扭的时候才给她打电话。后来大家又都纷纷有了孩子，联系就更少了。她的心情越来越不好，因为她单身，空闲时间多，有时候就胡思乱想，再加上剩女承受的家庭和社会压力很大，她经常抑郁。郁闷的时候就打电话和朋友们诉说，一开始大家还耐着性子听她诉说，帮她分析，替她解忧。一次两次无数次，一年两年无数年，大家的生活都有了很大的改观，都想做点喜欢的事业，换大房子，改善家庭生活条件，给孩子提供更优质的教育等等。而她还是那个不死不活的老样子，一说就是她那点儿倒霉事，破事，就是抱怨中国的男人这不好那不好的，抱怨人心不古等等。后来朋友们和她的联系越来越少了，平时很少有人想起她，甚至于害怕接她的电话，因为没人愿意听她唠叨。

当然，朋友还是朋友，我还是希望她好好的。

做个有利用价值的员工

A、B、C是同班同学，大学毕业后三人同时去应聘一家上市公司。面试的时候，面试官的问题是：你有几次利用价值？不要让我觉得你是一次性筷子。

A是个憨厚正直的小青年，他一听"利用价值"四个字就烦透了，扭头就走了，他讨厌这样的价值观，不想在这里服务。

B和C坚持下来了。他俩都这样回答："我不会是一次性筷子，我的价值我自己会让它时刻更新的。"面试官很满意。

第一天报到时候，面试官给他们拿了一大摞资料，安排他们：今天的任务是看这些资料。这些资料全都是公司简介，他们早就了解过了，但既然是公司的安排，那B和C就一丝不苟地看下去。

可是第二天还是看资料，同样的，一直持续了五天。B老实巴交地继续看着，C却不耐烦了，他笑着去问老板："我这一星期的任务都是看资料，现在想说说自己的看法。"

没想到没等C说呢，老板首先来了一句："我还以为你会一直看下去，不会去主动争取呢。"

C说："我找您，是因为我认为我对公司的了解已经很熟悉了，在日后工作中我会牢记，我现在需要做的是投入到实践中，希望您给我这个机会。"

就这样，C留了下来，B止步。

在接下来的工作中，C时刻不忘做一个有利用价值的员工，他认为只有有利用价值的员工，在公司里才能站得住脚，他不停地提高自己的技术附加值，成为公司的核心员工。2008年年底，因为经济危机的影响，集团运营不好，大批裁员，而C不仅没被裁掉，还升为华东区经理。

做人就要做一个有利用价值的人，给爱人保护，给朋友温暖，给老板利润。如果一个人一点利用价值都没有，那可能会生活得很惨。

事实上，我也正是靠亲朋师友的帮助、提携，踩在他们的肩膀上，"利用"了他们，才走到今天。同样，我也心甘情愿不辞劳苦地被他们利用着。

每想起这些，我的心里就有温暖，身上就有力量。我并不以为耻，因为这就是生存，我要活下去，而且活得很好。

最后为了满足倾向于心理学表述方式的兄弟姐妹，我换个表达方式总结一下：

"天生我才必有用"，每个人都有着独特的天赋和特点（甚至包括和别人胡侃的能力），检视和发现自己的天赋和特长，将天赋和特长和为别人服务满足别人需求很好地结合在一起，这就是获得更多财富的捷径。

希望得到更多的人，需要问自己的问题是"我如何才能更好地帮助别人？"而不是"我能从别人身上得到什么好处？"迟早世界上的每个人都会发现一个真理：给予和收获实际上是一回事。

其实人的发展过程，无非是用用他人，也被他人用用；关键是，利用时的心情如何。

9 危险，来自你的身边人

《甄嬛传》给我一个比较强烈的印象，是它通过情节传递的一个带有强烈中国特色的观念——危险，往往来自我们的身边人，或者说危险，常常潜伏在我们的身边！

《甄嬛传》中，吃身边人的亏或者苦头的人，有好多！甄嬛，从开始认识安嫔，就对她一片真心，维护她，关照她，视她为好友和自己人；结果安嫔为了争宠，为了争夺在后宫的地位，投靠皇后，不惜出卖甄嬛，加害甄嬛，而且工于心计，心思歹毒，先是提醒夹竹桃有毒，暗示别人用夹竹桃下毒，再自己来揭发，取得甄嬛信任。然后用加了麝香的"舒痕胶"致使甄嬛流产，每一次甄嬛受到皇后迫害和挑战时，她总是不露声色地煽风点火！企图一举打压甄嬛自己取而代之！手段之阴险，心思之歹毒，真让人不寒而栗！

最让甄嬛痛心的是，自己的同父异母的妹妹浣碧，为了自己能早日出人头地，早日得到皇帝的青睐，竟然不惜"认贼为父"，听信了曹贵人的教唆，出卖自己同父异母的姐姐。虽然甄嬛嗅觉灵敏，心思缜密，设了一道"蒋干盗书"的计策，既惩戒了不可一世的华妃，又挽救了妹妹，但是，身边人的危险，却让人担忧！

另一个吃身边人苦头的，便是华妃了，皇帝也心知肚明。尽管华妃凭借哥哥年羹尧的势力，凭着自己的姿色得到皇帝恩宠而骄横跋扈，但是从年羹尧的出身包衣奴才就能知道，华妃没什么文化，也没有大的心计，她的那些胡作非为，有一半都是成天在她身边的，想依仗她的势力日子好过一点的曹贵人给她出的坏点子。但长期过着寄人篱下、仰人鼻息的生活，让曹贵人心存怨恨，只是出于对华妃和她家族势力的畏惧而忍气吞声，被聪明的甄嬛敏锐地抓住了她的脉息，把她争取到自己的阵营中来，成为最后击败华妃的一颗定时炸弹！在关键的时候"引爆"，把华妃一举击败！难怪华妃要气急败坏！当然，曹贵人的阴谋诡计，翻云覆雨也没有好下场，最后还是被皇帝和太后授意毒死！

中国有很多这样的古训，什么"逢人只说三分话，未可全抛一片心"啦。什么"画虎画皮难画骨"啦，什么"知人知面不知心"啦，什么"鸭�胗难剥，人心难摸"等等，都是让人们在与人交往的时候，要保持一定的距离和警惕，靠得太近，双方了解得太深，带来的伤害可能会更重！而且，越是君子式的人物，越容易被身边人出卖。著名的北宋宰相、唐宋八大家之一的王安石，就是被他的亲信出卖的。

历史上对王安石重用"小人"多有贬损，其中最令人诟病的就是用吕惠卿。关于王安石误用吕惠卿，国人已经评说了千余年。我们姑且不论"君子"与"小人"究竟如何区分，单说一下王安石为什么会误用吕惠卿。这要从那场轰轰烈烈困难重重的王安石变法说起。

王安石决心变法，必定要广罗人才，投奔他的人中难免龙蛇混杂。当变法遭遇强大阻力时，为确保变法顺利推进，只要抓得到兔子的鹰，都应该用，这本应该是一个人人都明白的道理。况且，吕惠卿并非是无能之辈，变法初期狡猾的吕惠卿并未露出真面目。还有，人是会变的，谋取更大权力的野心遇到合适的土壤会滋长也不是什么稀奇事。

青年时代的吕惠卿，无疑是非常有才学的。早在宋仁宗嘉祐二年，年仅 24 岁的他已经高中进士了。其后，吕惠卿得到文坛领袖欧阳修的赏识。后又经欧推荐，吕结识了王安石。王安石在同吕的交往中，认为他是一个出类拔萃的人才。王安石向神宗皇帝进言，"学先王之道而能真正运用于实践的，只有吕惠卿一人而已。"而对于王安石，吕惠卿也四处宣称，"我吕惠卿读儒书，只知道仲尼之可尊。读佛经，只知佛之可贵。而至于今天，只知介甫（王安石的字）之可师！"正是由于学术思想和政治理念的基本相同，使得两人大有相见恨晚的感觉。熙宁二年，王安石设置三司条例司，任用吕惠卿为检详文字，吕惠卿遂成为变法运动中仅次于王安石的二号人物。

在吕惠卿和王安石交往异常火热的时候，也不是没有人提醒王安石提防吕惠卿之流。有一天，王安石正和吕惠卿商讨政事，弟弟王安国在外面吹笛子，王安石向外面的弟弟喊道："停此郑声如何？"弟弟应声回敬道："远此佞人如何？"（在论语中，有"放郑声，远佞人"的话，劝诫人们远离郑国的音乐，疏远小人。因为郑国的音乐淫靡，小人危险）。司马光也亲自告诫王安石说："阿谀谄媚的人，现在对您百依百顺，言听计从。可是，假如您失去了权势，他必然会反戈一击出卖你。"王安石以为这是旧党人士在蓄意挑拨变法派内部的关系，变法心切，没有在意。

熙宁七年，王安石首次罢相。吕惠卿被提拔为参知政事。但此时吕惠卿野心开始膨胀，他想彻底搞掉王安石，以取代其地位。他采取了两个办法。其一，借郑侠上《流民图》之际，唆使自己的党羽诬告王安石的弟弟王安国，他罗列王安石兄弟的所谓罪行秘密上奏宋神宗；其二，他把王安石给自己的私人信件拿给宋神宗看，内中的"无使齐年（暗指反对变法的参知政事冯京）知"和"无使上知"两句自然引起了宋神宗的极大反感，造成两人君臣知遇裂痕的产生。据说，此后宋神宗才开始对王安石有很大的不快。王安石复相后，认为吕惠卿人才难得，故而对其不计前嫌，照样信任有加。但为权力和野心所腐蚀的吕惠卿，不但排挤王安石亲自任命的官员，还处处挤兑王安石本人。最终导致了两人关系的恶化和破裂。

对于这个屡次加害自己的亲信，王安石是相当痛心的，据说王安石退隐后，每天必书写"福建子"三字数次，以泄心头之恨。因为离间他和皇帝的吕惠卿正是福建人。

当然，小人是有的，真心人也是有的。可喜的是，《甄嬛传》的作者在编排故事的时候，关于身边人的评价，也不是一味地警示危险，也塑造了两位忠诚于友情的人物，那就是和甄嬛始终亲如姐妹的知心朋友惠贵人。她们心里都装着对方，即使在自己身陷危机的时候，还想着保全对方，在后宫的争斗中，携手并肩，同仇敌忾！另一位就是甄嬛身边的槿汐姑姑，为人真诚，成熟老练，在关键时刻敢于挺身而出，保护自己的主子，虽然她和甄嬛的地位悬殊，一个是主子，一个是奴才，但是她们之间的感情，已经情同姐妹，甚至超出了亲姐妹！她们相互间的理解、呵护和关切，令人感动！她和惠贵人这两个角色，为污秽阴暗的后宫，平添了一丝亮色，在阴冷的后宫中，让人有一丝温暖的感觉！

身边人的背叛，或者心怀叵测，男人之间往往是出于利益的追逐，出于欲望的贪婪，正如甄嬛贬斥安嫔所说："欲望，让你的清白蒙尘！"女人之间多是出于嫉妒。像浣碧对她亲姐的背叛就是不服，凭什么我长相不差，咱俩一个爹的你能到处都是香饽饽，而我就是个丫鬟命？

希望那些利欲熏心的男人能尽快摆脱利益的勾引，希望那些嫉妒成性的女人能远离争风吃醋的羁绊，毕竟，人是需要同类的支撑和润泽的！谁不想有几个真心的朋友在身边，倾听自己内心的苦闷，抚慰自己疲累的身心，分享自己成功的快乐，帮助自己走出人生的困境？只是要以心换心、以心交心才好啊！

10 小人难防，小心你身边的"安陵容"

如果把皇上比喻成大 boss，皇后是执行经理人，华妃是关系户，敬妃、齐妃等是部门经理人，那安陵容就是最大的职场小人。安陵容是所有秀女里面最没家世、最没实力、最没财力的一个了，可是她却成为甄嬛击溃的倒数第二个大 boss。这是为什么呢？

因为她有三把出色的"温柔刀"，一是歌喉婉转，如水如云如梦如酒；二是善于冰嬉，即冰上芭蕾，如风如柳如飞如游；三是精于配制香料，尤以春药效果的"帐中香"为最。这三招，招招奇效，能挽狂澜于既倒，化危为机。且每一把刀都是温柔至极，装点了她的乖巧；更为重要的是，她演技出色，善于把野心化为恭敬、把攻击化为赞美、把告密举报化为正直仗义，她总能在关键时刻出卖关键的人，且出卖的都是对她掏心挖肺的亲姐妹，换取自己的最大利益。同时安陵容还擅长整人，整人的手段隐蔽凌厉。比如，在甄嬛因华妃迫害导致流产桥段，安陵容明知甄嬛与皇上之间是情到深处人孤独，解开心结便释然，但她见缝下蛆，一边向皇上佯称要去劝解甄嬛，一边派人将甄父遭受文字狱的噩耗告知甄嬛以重击其身心，一边派人将染有鼠疫的老鼠放置于甄父身边而致病，使甄嬛受到三重打击；再如，在滴血认亲的高潮桥段，安陵容唆使宫女向沈眉庄通报甄嬛陷入危局的情报，致沈早产大出血而亡，这等于砍掉了甄嬛的左膀右臂铁杆盟友精神支柱！

心如蛇蝎，却装成小绵羊，因为她够阴险，潜伏得够深，她会装可怜博取同情，表面温顺内里却凶残无比，她会为了生存不惜对自己姐妹下手，对老板下手，对自己下手（绝育）。这得心狠到什么程度心理扭曲到何种地步才能下得了这样的狠手啊！

话说回来，每个职场中人身边都有一个或几个"安陵容"，他们笑里藏刀，明面上对你好，背后对你下手。你对她好，她却以为你是在利用她。她会装可怜，会卖乖，会取巧，为了达到自己的目的不惜一切手段，忘恩负义，出卖朋友，出卖上司，出卖自己的良心。只要对自己有利，多么下作的手段他们都能使出来。

我在职场上也不止一次遭遇过安陵容，最刻骨铭心的是某男性"安陵容"，那时候我在一家文化公司做事，他是自考生，刚来公司听闻我做得最好，就开始尊称我姐姐。看这男孩儿挺有文艺范儿的，和我还算是谈得来吧，我也没有拒人千里之外，他经常缠着我一起吃饭一起唱歌，我对这小兄弟也不排斥，所以工作上经常帮着他。那时候他还装得很憔悴很失意的样子，说自己被女朋友甩了。作为过来人，我的菩萨心肠一上来，对他更热情了，拿他像亲弟弟一样对待。我那时候很讨厌一个女同事，那女孩家境很好，但心性不好。因为把这男孩当成了兄弟，我就对他无话不谈，其中说得最多的就是某同事的坏话。他也附和我一起说，有时候还主动挑起话题，说这女人又整他了，如何如何。我一听他也说这话，就更把他当作自己人了。

因为这个女同事会使手段，成了部门负责人。我就不敢说她坏话了。可是这小子还带头说，在他的带动下，我的防范意识一点儿都没有了。但凡有不满，我就找他倾诉，他也跟着添油加醋起哄贬"丫的"。

可是我越说这个女同事坏，这个女同事对我越坏，直到后来就把我挤兑走了。我当时特纳闷她怎么对我这么心狠手辣呢？

等我走后，我才听说，从那男孩子一进来，就和这个女同事谈上恋爱了。他之所以接近我，是因为这个女同事告诉他我是她竞选部门负责人最大的对手，因为老板好几次都流露出对我的赏识之意。又过了两个月，我听说他俩"闪婚"了，后来我还听说这男孩并不喜欢这个女同事，他和她结婚是因为她能满足他的虚荣心，这个女同事家有钱，在回龙观买了房子，还写了这男孩的名字。

据说现在他俩离婚了。我突然在想，原来他也是她的"安陵容"啊！

待人处世，谁都不想和奸猾的人打交道，可不管你愿不愿意，谁又不可避免地会碰到一些不讲原则的人。原因是那些生活在我们身边的小人，他们的眼睛牢牢地盯着我们周围大大小小的利益，随时准备多捞一份，为此甚至不惜一切代价准备用各种手段来算计别人，真是令人防不胜防，说不定什么时候就可能在你背后捅你一刀。

小人难防，但还是要防，也是可以防的。且看大唐名将郭子仪和小人卢杞是怎样跳贴面舞的。

大唐诸宰相中，最丑的莫过于唐德宗时期的卢杞。卢杞相貌奇丑，生就一副铁青脸，脸型宽短，鼻子扁平，两个鼻孔朝天，眼睛小得出奇，经常有人把他当作一个"活鬼"。

别看卢杞长得很丑，又无才学，却很有心机，且能言善辩。唐德宗不知人心险恶，用人失察，只凭口才取人。因此，机缘巧合，巧言令色的卢杞才被昏聩的唐德宗相中。如果说卢杞相貌已经极为丑陋，那么他内心世界的丑恶则有过之而无不及。卢杞心胸极为狭窄，在政治上是一个狡诈的奸臣，在品德上则是一个十足的小人。他对于得罪过自己的人，不置之死地决不罢休。宰相杨炎、大臣颜真卿等都被他迫害致死。

虽然卢杞不断迫害忠良，但有一个人却始终能在小人当道、昏庸黑暗的环境中保自身平安，他就是晚唐著名大臣郭子仪。郭子仪之所以能避免颜真卿等忠良的悲剧，第一，他不像一般忠良一样，跟小人楚河汉界泾渭分明，甚至疾恶如仇。第二他为防小人嫉妒，处处小心提防。

有一次，郭子仪生病在家，很多朝廷大官都来探视。郭子仪总是很自然地让自己的侍妾陪在身边，招呼客人。但是只要卢杞一来，郭子仪却必定要屏退侍妾，很客气地招待他。家人对郭子仪的做法十分好奇，问他说："卢杞的地位比你低这么多，但是你一见他来却特别客气，还把侍妾都屏退，这是为什么？"郭子仪说："卢杞这个人，心胸狭窄，性格阴险，而且人又长得奇丑无比，一般妇女看到卢杞都不免露口失笑。正因为如此，我怕侍妾看了他之后，会偷笑而得罪他。这个人一旦得势，势必会给我们带来灾祸。"郭子仪的识人之明果然不同凡响。卢杞后来依靠逢迎拍马、诬陷出卖同僚，成为一代奸相。很多朝廷大臣都栽在他手中，但郭子仪却一直平安无事。

因此，在和奸猾阴险的人共处或往来时，多学学郭子仪吧，和小人保持距离就行了，不必疾恶如仇地和他们划清界限，他们也是需要自尊和面子的！你越疏远他，他越敌视你。你若尊重他，就有可能唤起他的良知，和你保持一种"生态"上的平衡。

11 端妃的生存智慧：示弱露拙以求自保

若问《甄嬛传》里，谁最聪明？甄嬛的冰雪聪明，华妃的飞扬跋扈，皇后的老谋深算神马的都是浮云，最智慧的是那个最不起眼的病秧子端妃。那些风姿绰约的美人胚子嘚瑟几下就倒了，而她无姿色无背景整天弱不禁风连走路都颤巍巍的，可她却笑到最后，即便是冰雪聪明的甄嬛，若没有她的及时救场和关键时刻的点拨，也很难胜出的。四两拨千斤？她最在行。

所以，最智慧的是端妃。

端妃的智慧集中于三点：第一，会示弱。

她是个病秧子，仿佛风一吹就会倒下，这和当年她被华妃灌下一碗红花有关，但她的病并没有那么严重。她之所以夸大其词，就是为了造成对任何人都构不成威胁的假象，免受宫廷斗争的戕害，她没有花容月貌，对其他人构不成威胁。像华妃一干人就不会对一个行将就木没什么姿色的老女人下手。她在皇上眼里也没什么分量，所以也就没人稀罕拿她做棋子。不仅如此，她弱不禁风的样子还能引起甄嬛的恻隐之心以及皇上的同情，人都有怜悯弱势群体的本性。

你可能会说，一个弄虚作假的女人太不磊落了吧，说实话，其实一开始每次见她出场，我都有点视觉不舒服。装得恶心没啥，但皇上信得过就行。

历史上，要说靠示弱自保图谋的人，刘备和刘禅父子二人是典型代表。刘备靠示弱成就霸业，儿子刘禅靠装傻保命。

东汉末年，刘备空有一腔抱负却无施展之地，由于自己的力量太弱，与曹操的势力相比起来简直是小巫见大巫，且处于曹操的控制之下，所以他只好装作每天种菜饮酒，不问世事，不关心政治。

一日，曹操与刘备青梅煮酒。席间，曹操问刘备："你认为当今天下，谁可称为英雄？"刘备尽数天下诸侯——袁术、袁绍、刘表、马腾、张鲁、刘璋等，但都被曹操否定了。忽然，曹操说道："其实，要说天下英雄，只有我和你两个人而已！"话音刚落，刘备便惊慌失措，他虽有拯救天下之心，但迫于无奈，只好将此愿望暂时深埋心底，平日里总装着无德无才。现在听曹操这么说，不由得心中一惊，他生怕曹操了解自己的政治抱负，吓得手中的筷子也掉在地上。幸好此时一阵电闪雷鸣，刘备急忙借故遮掩，说自己被雷声吓得掉了筷子。曹操见状，顿时释怀，并大笑不止，他想，刘备连打雷都害怕，如此胆小之辈怎能成大事，所以，就对刘备放松了警觉。后来，刘备摆脱了曹操的控制，终于一展抱负，占据益州、汉中之地，成就了霸业。

刘备以弱避强，使曹操不再防备自己，这才使自己躲避了曹操的魔掌，成就一番伟业。人们也把曹操与刘备青梅煮酒论英雄的这段故事广泛传颂，成为一段佳话。

再来看看他儿子。公元263年冬，邓艾兵围成都，刘禅出降。后被掳往洛阳，封为安乐公。一天，刘禅去晋公司马昭府上拜谢，司马昭设宴招待刘禅。并且还特地请人到场演出蜀地歌舞，当场许多蜀国的旧臣都忍不住泪流满面，按理说最为伤心应该是刘禅，但他心思细腻，善于察言观色，当他看到司马昭阴晴不定的面孔时，便强装笑颜，嬉笑自若。本来还对刘禅怀有戒心的司马昭，见此情景，他想，刘禅竟然没心没肺到这个地步，就算是诸葛亮还健在，他也成不了大气候，于是心中稍安。

戏艺终了之时，司马昭佯装无意地问刘禅："安乐公颇思蜀否？"刘禅顿感一惊，便立刻笑答道："此间乐，不思蜀也。"司马昭居然真相信了。后来，与刘禅一起降魏的旧臣郤正为其提出建议，认为他"愚"得还不够，并教他如再次遇到此种情况，就应换种答法，应该流着眼泪，难过地说："祖先的墓地在蜀国，我怎能不想呢？"思索了片刻，刘禅认为此话有理，便将此话铭记于心。

果然，疑心未消的司马昭在谈话中，又一次问到刘禅是否想念蜀国。刘禅按照郤正的话背出，并装作一副悲伤的样子。司马昭见此，突然说了句："你的话好像是郤正的腔调。"刘禅听后假装"大吃一惊"，并装着满面狐疑地说："你怎么知道的？这正是郤正教我的！"司马昭听后不禁哈哈大笑，见刘禅如此之愚笨，便完全放下了戒心。自此以后，忙于篡魏，也不再对刘禅生毒害之心。此明哲保身之计使刘禅虽身处险境而大难不死，平安地了却了余生。

人人都知道刘禅，他可谓是中国历史上知名度极高的"扶不起的阿斗"。他的有名，并不是因为他的才华，而恰恰因为他的"扶不起来"。但在当时的那种情况下，"扶不起来"是一种智慧，除了以示弱来降低敌人的戒心外还有什么更有效的方法呢？常言道"智者取胜"，这个"智"包含着"愚"。必要时就得以"愚"谋"智"。刘禅就是用他的"扶不起来"保住了性命，从自保的角度来说，他懂得用示弱来保全自己，也勇于向别人示弱，这是常人所难做到的，所以说，他也可以称为是个大智若愚的非凡之才。这和端妃有一比。

古往今来，死于锋芒毕露、张扬个性的人不胜枚举。就像韩信，他虽一生战功赫赫，在军中威望盖过刘邦，但就是因为他总是表现出自己"强"的一面，锋芒太露，自恃功高，以为刘邦不敢杀他，最终还是招来了杀身之祸，后悔莫及。

我们应从先人身上吸取教训，从中悟出一些为人处世的道理，免受不必要的伤害。就好像水的适应性、柳的柔韧性、鹅卵石的圆滑性都能给我们以很好的启迪，这也充分体现了"示弱"在我们为人处世中的重要作用，它可以减少乃至消除不满或嫉妒，所谓凤中之凤、龙中之龙，被人嫉妒在所难免，为何不用适当的示弱方式将其所带来的消极作用减少到最低程度，给自己开拓一片更广阔的天空？

当然，示弱并不是没脑子，还是要有其他的内力相辅。还以端妃为例，她之所以笑到最后，除了会示弱，她还会打信息战，还会站队。

第一，会打信息战。端妃的信息战打得太漂亮了，你看她深居简出的，只有一个丫鬟。从剧情里看不出她的人脉，可是她的信息十分灵通，有时候甄嬛不知道的事儿她都提前知道并准备好了。看来，她一定有一个特殊的不为人知的信息渠道，信息战打得好。连甄嬛都佩服她说"娘娘身边服侍的宫人虽少，但娘娘耳聪目明，不出门尽知宫中事"。

第二，会站队。在甄嬛还是一个小小的贵人的时候，端妃就明里暗里地帮了甄嬛不少的忙。所以，甄嬛日后第一个就是给端妃请封。还有，端妃在华妃的摧残之下不寻死觅活的，因为她要隐忍，她看得透华妃不过是猖狂几年罢了，这是端妃的聪明之处。这不是一般人能练就的。端妃从一开始见到甄嬛就发现她长得像纯元，明白可以利用她来搞定华妃，甚至搞定压迫了她们多年的皇后。这些都可以从她屡次冷静机智地帮助甄嬛看出来。

功成名就后，端妃又接着装。最后，甄嬛当上了太后的时候，端妃又开始装病，因为她知道不这样自己可能会有危险。

12 求人不如求己，靠谁都不如靠自己

那天我走在天桥上，一个给手机贴膜的"鸟叔"上来搭讪："美女，给手机贴膜吗？管一辈子。"

我当时差点被雷死，好家伙，这都什么年代啦，还有负责一辈子的事？呵呵，谁对谁负责？说到底还是自己对自己负责罢了。靠谁都不如靠自己。

华妃是只母老虎，可是失去曹贵人这个利爪，这只老虎立马变成病猫！华妃的小宇宙转不动了。

华妃靠着哥哥的经济实力搞金钱外交，靠着哥哥的军功恃宠而骄，哥哥因贪污落马了，她也跟着遭殃了。

安陵容是所有秀女中最没家世、最没实力、最没财力的。其实没啥都不可怕，可怕的是没有骨气，她想出人头地，从开始就走了一条依附的路线，从依附甄姐姐到依附皇后，谁有权就亲近谁，谁失宠就疏远谁，皇后正是看清了她这点，才把她收为棋子，提拔为中层干部。但棋子就是棋子，用完了，就是废子，就是弃子。

她一开始就当了皇后的扯线傀偶。注定悲剧一场。

之所以举华妃和安陵容的例子，就是为了说明，无论强势群体还是弱势群体，依靠别人都是没有出路的。

靠山山塌，靠树树倒，靠谁都不如靠自己。只有自己才是最靠谱的人。

和上面这两个笨女人比起来，端妃就明智多了，她对甄嬛那么好，其实还是有防备的，她站在甄嬛一边，但又不完全信任。她和甄嬛结盟，却又有自己的主张和信仰，这个信仰，就是对皇上的爱。所以在皇帝病重时，她虽是皇贵妃，但甄嬛位同副后大权在握的情况下，当甄嬛对皇宫众妃嫔声色俱厉地说要看皇帝都要经过她的许可时，端妃表现出了很大的不爽。久病多年的人，居然也会皱起眉头来和自己一直以来的盟友说：你又何须对她们疾言厉色？！可以这样说，如果端妃知晓了甄嬛对皇帝的目的，她绝对会挺身而出，和甄嬛斗个你死我活。这里也可以看出，端妃对甄嬛始终还是有所防范的，说白了只是相互利用加上偶尔一点点小感动而已，并没有彻底信任她，敞开心胸。端妃与甄嬛见面都是行两次礼，礼数周全，也是佐证。皇上死后，她又开始和甄嬛保持距离"隐居"了。

你听说过小蜗牛和妈妈的故事吗？

小蜗牛问妈妈：为什么我们从生下来就要背负这个又硬又重的壳呢？

妈妈：因为我们的身体没有骨骼的支撑，只能爬，又爬不快。所以要这个壳的保护！

小蜗牛：蝴蝶姐姐没有骨头，也爬不快，为什么她却不用背这个又硬又重的壳呢？

妈妈：因为蝴蝶姐姐能变成蝴蝶，天空会保护她啊。

小蜗牛：可是蚯蚓弟弟也没骨头爬不快，也不会变成蝴蝶，他为什么不背这个又硬又重的壳呢？

妈妈：因为蚯蚓弟弟会钻土，大地会保护他啊。

小蜗牛哭了起来：我们好可怜，天空不保护，大地也不保护。

蜗牛妈妈安慰他：所以我们有壳啊！我们不靠天，也不靠地，我们靠自己。

端妃就是蜗牛，华妃和安陵容就是蝴蝶和蚯蚓。蜗牛要生存就得靠自己，靠自己那坚硬的壳来保护自己，这是一种能自我把握的生存方式。而蝴蝶、蚯蚓就得看天看地了。假如有一天，大地和天空都不能保护它们了，那它们就无以为继了。

这是我刚刚听到的一个退休女教师的故事。她有着传奇般的人生。

她生于六十年代，有家世，有才华，有经历，她可以用英语教化学。1996 年之前，她一直在一所大学教化学，那时候已经是副教授职称了。她最大的梦想就是能用英语教化学。1996 年，一家私立学校高薪聘请她，并承诺可以帮她实现梦想。当时她舍不得放弃那份公立学校的工作，毕竟是吃皇粮的嘛。她对这个私立学校的校长说：我以后退休了怎么办？校长拍着胸脯跟她说：我跟你签一辈子的合同。

在梦想的诱惑下和校长的承诺鼓舞下，她放弃了公立学校的工作，来到这家私立学校当了用英语教化学的老师。

二十年过去了，她到了退休年纪，学校是跟她签了一辈子的合同，可是学校早就倒闭了，谁给她发工资啊？她现在只能靠给女儿带孩子生活。因为她英语很棒，有不少双语学校聘请她，都被她拒绝了。她说："我要找个养老的，我女婿说了，我给他带孩子，他们给我养老。"

她现在对社会挺抱怨的，怪国家不给她发社保，不承认她曾经从事的工作和职称。可是那都是她自己选择的结果啊。再说，她当时豁出去去私立学校工作，也是为了校长承诺跟她签一辈子的合同。她咋就那么天真呢？

悲催的是她到现在还天真着，她老人家完全可以凭借自己的才华和教学经验另找一份不错的工作，取得比国家社保还高的月薪，可是为了有人给她养老，她被动地给女儿女婿当保姆。其实老人给儿女看孩子本是寻常事，从她嘴里说出来就成了交易：我给你教孩子，你给我养老。

我其实挺同情她的不幸遭遇的，可是性格决定命运，生活是选择的结果。

她该多上上微博，你看微博那些段子：

靠山山会倒，靠人人会跑，只有自己最可靠；

没有人会陪你走一辈子，所以你要适应孤独，没有人会帮你一辈子，所以你要奋斗一生。

这些段子多有说服力和穿透力啊。

"靠自己"，这三个字写起来容易，但做起来就一点也不容易了。可能很多时候我们是想靠自己的，但当自己遇到看起来有点力不能及的事时，这种靠自己的想法就容易动摇了。但我们仔细想想，一味去求别人意味着什么？难道不是意味着你要把自己的命运交给别人吗？扯线傀儡的命运只能是瘫痪，这是毋庸置疑的。

13 皇帝都在忍，你为何不能忍

人在屋檐下，不得不低头。其实，即使在屋檐上，也得低头，还有老天呢，即使是"普天之下，莫非王土；率土之滨，莫非王臣"的皇帝老儿，也不乏低三下四窝窝囊囊忍气吞声的时候。不看《甄嬛传》，真不知道当天子的这么窝囊呢。

世人都知道皇上的荣耀：皇上是天下最大的 boss，有令天下男人都羡慕的职业，拥有至高无上的权力，占有全部优势资源，具有绝对的话语权和选择权。无须顾忌他人的意愿，贯彻自己的意愿；以自己的偏好，战胜别人的偏好；以自己的繁衍，战胜别人的繁衍。

可你知道皇上的无奈吗？皇上既要治理天下，平衡前朝，又要顾及中宫，还要让后宫雨露均沾。碍于年家的权势，为了天下太平，后宫太平，也不能由着自己的性子来，甚至于和哪个女人睡觉，都身不由己。最最难忘的一幕是：有一次，皇上一夜睡了三个地方，先是被菀贵人劝得去了皇后那里，后来又去了齐妃那里。堂堂帝王像个皮球一样被三个女人扯来拉去，像傀儡一样被操纵，可怜哪。

你光知道你睡眠质量不好，那皇上还不如你呢。最起码，你有睡与不睡的自由，你有睡在哪里的自由，不是吗？

现在的男人总羡慕古代的皇上有那么多嫔妾，他们有没有想到皇上还有明明不想宠幸谁可为了江山社稷还偏偏得宠幸谁的无奈呢？

至于职场上工作中的那些压力，皇上比常人更甚。关于工作，关于忍耐，

皇上和菀贵人之间有一段相当精彩的对白。那是年羹尧自西北打了胜仗归来，飞扬跋扈，对皇上大不敬。他自恃功高，全不把皇帝放在眼里，还要求朝廷晋级封赏他。

甄嬛："皇上对年羹尧隐忍颇多，是否还要再忍？"

皇上："年党众多，朕若是不想再忍耐，一时之间也只有四成胜算，年羹尧不满朕冷落华妃已久，他步步试探，靠拢敦亲王，不外是首鼠两端，各有依靠罢了。"

甄嬛："臣妾身处后宫，前朝之事若非事关皇上，臣妾也不敢涉及，臣妾只知道与皇上风花雪月，却不知皇上也有皇上的无奈。"

皇上："帝王将相，后妃嫔御，又有哪一个不是活在自己的无奈里，各有掣肘。"

甄嬛："那为长远计，皇上也只能忍耐了。"

皇上："朕这个皇上做得是太窝囊了。"

甄嬛："汉景帝为平七国之乱，不得不杀了晁错。光武帝刘秀为了复兴汉室，连自己兄长被杀也要忍耐，甚至为了稳定朝政，都不能册封自己心爱的阴丽华为皇后，只能封郭氏女。但这之后，也是他们平定天下开创盛世。大丈夫能屈能伸，皇上忍一时之痛，才能为朝政谋万世之全，并非窝囊，只是屈己为政。"

皇上："嬛嬛，你说的话总是能叫朕心里舒坦，你不愧是朕的解语花，能事事为朕留心。"

想想看，大家都在忍，你为何不能忍？忍字心头一把刀，这谁都知道，谁忍都不好受，但忍辱的滋味人人都尝过。你总说老板光鲜，想开谁就开谁，想提拔谁就提拔谁，可你知道老板的无奈和压力吗？

可见在忍耐这个问题上，众生绝对平等。各有各的烦恼，各有各的无奈。没人能躲得掉。

小苏就是和领导出了一趟差，才理解了领导的苦衷，才放下架子，忍了个性，不和领导对着干的。

小苏是某地产广告公司的文案老手，是个极其个性的美女，关于工作她有个特过分的要求就是坚决不加班。这家公司刚成立时，她就招聘到这

第五章
——
《甄嬛传》里的无敌处世箴言
对你好是情分，不对你好是本分

里，所以和领导关系很好，算是患难之交吧。虽然几年下来公司发展缓慢，工资不高，小苏另外也找过工作，但都因为她不加班磨合不好，因而一直没挪窝。

在小苏看来，老板和员工，永远脱离不了黄世仁和杨白劳的关系，所以她对老板也是有怨言，有羡慕，有不满。羡慕老板有资产，有权，说招谁就招谁，说开谁就开谁。不满老板给她工资低，工作量大。可是自从她跟着老板去了趟太原出差后，她开始理解并同情老板了。为了拿到太原某楼盘的推广项目，老板带她出去考察，一般情况下领导是不带文案出差的，可是这个开发商对文字推广这一块比较看重，领导和她商量了半天她才勉强答应。

到了太原就开会，老板拿出小苏憋了一个星期才好好酝酿出来的楼书，这么解释那么解释，可是对方经理看了一眼就给摔在地上，大吼："这定位错误，方向性错误！一塌糊涂！"众目睽睽下，小苏很是震惊，非常生气。她以为老板会和她一样生气，并且帮她把气撒出来。谁知道在她眼里向来自信清高的老板一言不发，弯腰把七零八落的文案捡起来，还得给满脸赔笑，说："请您指示，我们尽快重新做一份，换一种风格。"

那天，向来不加班的小苏第一次体会到当老板的不易，第一次破天荒地熬夜加班。当小苏同学熬到凌晨一点多把楼书写完之时，正赶上老板东倒西歪地应酬刚归来，吐得一塌糊涂、狼狈不堪。听到隔壁动静不对，刚要上床休息的小苏敲老板房间的门，给她冲上一杯蜂蜜水，又跑到药店买了解酒药给老板服下。

第二天一早，小苏还在睡觉，而满脸憔悴的老板早饭都没吃，就强打精神，再次去提案了。

回去的路上，小苏不解地问老板："您不是不喝酒吗？"

老板说："谁让咱是可怜的乙方呢？在甲方的饭局上，嘴不是我的，胃也不是我的，一切都不是我的。"

小苏当时觉得当老板的真够可怜的，而且，那时正是年底，为了跟甲方要回一年的年费，还要开拓下一年的业务，拉项目，老板要不停地出差、不停地应酬、不停地身不由己啊。

以前只羡慕老板有车有房有事业，没想到这一切着实来之不易啊。而自己无车无房的生活虽然在别人看来寒酸，但毕竟一天二十四小时一年三百六五天都尚属于自己啊。

所以，没有谁的生活是完美的，各有各的不足。永远不必羡慕别人的生活，即使那个人看起来快乐富足，每个人的生活都是外表光鲜，内里纠结。只不过你不知道罢了。何种境地都有优点和缺憾，问题是你更喜欢哪些优点，你无法忍受哪些缺点。自己选择的，就好好经营吧。摆脱不掉的，就好好忍耐吧。

14 天大的危机也是有缝的蛋

人生难免要做局。有时候是为了揪出潜伏在身边的奸细，有时候是为了解救危难中的自己，有时候是为了让虎视眈眈的敌手败北，有时候是为了搞清云遮雾罩的客户的真实意图等等。

但凡能在宫里吃得开的人，哪有不会做局的？不会做局，只能傻等着人家随时拿你开涮，死都不知道咋死的。

做局人人都想，但关键要做得漂亮。

甄嬛对余氏不薄，可余氏受华妃指使，不仅拿个小假人扎针儿诅咒，还派下人小印子和花穗在甄嬛的汤药里下毒，被甄嬛发现，十分心寒。

如何除掉余氏？甄嬛开始做局了，做局的利害关系她很清楚。做局，一定要做得漂亮，万无一失。否则，不仅自身难保，还会害了一帮子兄弟姐妹。

好在她够聪明，她的小团队也很给力，他们一起动脑子，想对策，很快就达成共识。甄嬛、沈眉庄和槿汐是决策者。这场局中，崔槿汐是策划总监，是她指明了这场局的方向："毒药和诅咒并没有害死小主，倒还有活命的理由。可是欺君之罪就死罪难逃了。"于是才策划出了拿倚梅园事件做文章。

先是槿汐去皇上皇后那里通报，和苏培盛搞好关系，让苏培盛在皇上

那里吹好风，然后甄嬛可怜巴巴地出场，到皇上那里作小鸟依人状，假装无意中扯出了陈年旧事：

"嬛嬛曾在除夕夜祈福，惟愿逆风如解意，容易莫摧残。却不想天不遂人愿。"

这是最令皇上动情的句子，皇上当然警觉了，问：

"你在哪儿许的愿，许的什么愿？"

甄嬛："除夕夜，倚梅园中。但愿逆风如解意，容易莫摧残。"

……

经过一番对话与考证，谜底揭开，皇上如梦初醒："原来是你，竟然是你。朕还认错了旁人。"

遂下旨："冷宫余氏欺君罔上，毒害嫔妃，赐自尽。"

甄嬛还装得一脸小白痴的样子，里外讨好。看人家这局做得，堪称完美。

类似这样的局面《甄嬛传》里多得是。所以，做局并不一定是贬义词，关键看是谁来做，怎么做。如果是皇后来做，这局不是要人性命，就是害人子女，怎么阴毒怎么做。如果是甄嬛来做，这局自然充满了正义感和使命感，过程演绎为畅快淋漓的打狼进行曲。

当然，《甄嬛传》不是白看的，看了几遍下来，我总结了一套做局的智慧。

1. 做局拼的是判断和决策

如果说日常口水仗比的是机智和应变，而做局拼的就是判断和决策能力。甄嬛、皇后和华妃作为各自帮派的首席执行官，在无数次大小战役中，对战局都需要做出判断和决策，而这样的头脑风暴往往决定着最后的战果。

皇后是典型的实用型决策者，往往是快速判断，不带任何感情色彩地做出许多重大决定。这样的决策优点是快速，先发制人，缺点是无法产生一些富有创意的决定，不会太考虑到其对组织将会产生怎样的不良影响，因此皇后的决策往往会造成自身战斗阵营的减员。

与皇后相比，华妃有着明显的外向型决策者的特质，快速但超级情绪化。也因此她做的决策大多自以为是，不成熟，是最失败的决策者。

甄嬛则是左右脑结合的完美决策者，出现危机时，甄嬛用左脑对信息进行编码，用逻辑来做决定，从混乱中创造秩序；而右脑则更多地用情感的方式吸纳群体的意见信息，并依靠直觉做出有一定创意的快速决定。将大胆果断和兼容并蓄结合得十分妥帖。

2. 速度、速度、要命的速度

后宫里好多事是按后宫的规矩做的，皇上一句话，说带走就带走，说斩首就斩首，啥手续都没有，连个走后门求情的机会都没有，很恐怖。因此，逼得嫔妃们反应速度都很快，脑子和舌头的转速配合基本同步。

所以，要想做局成功，一定要尽可能地先发制人，以最小的动静、最快的速度快速启动。

3. 信息编织要像爬山虎一样广

没有信息编织的配合，决策再正确也白搭，更别提速度了。人脉重不重要，只要看看熹贵妃利用腹中胎儿扳倒皇后那一幕就晓得了，端妃、敬妃联合做局，连小胧月也跟着掺和，关键时候出来作证。

那个局是这样做的：

先是甄嬛让太医卫林提前准备了一碗打胎药（卫林是她的二度人脉，是通过温太医这个一度人脉发展而来的）。

接着，槿汐在对的时间端给她喝。

再接着，是在皇上心中极有信服力的端妃和敬妃陪同她进去把祈福的布袋拴在床头。然后端妃和敬妃离开。在门外当旁听证人。

对，还有她的亲闺女小胧月也看到了，做证。

这样只剩下她和皇后，甄嬛挑衅，两人发生肢体接触。

环环相扣，离开哪一环，都扳不倒皇后。

而皇后就势单力薄多了，只有剪秋姑姑，名分再高，关键时候没有兄弟姐妹拖着，也白搭。无辜的皇后，位分虽高，却做局失败，她拼到最后只有一个剪秋，输在了人脉上！

最后的最后，皇上让夏刈滴血验亲的紧要关头，若没有宁贵人的及时发现和及时出手，甄嬛和她的孩子都会被赶尽杀绝。

做局，信息编织就是这么重要。人脉不好，再好的决策都将失败。

4. 坚信：天大的危机也是有缝的蛋

一定要以乐观主义态度看待做局。只要你会做局，再悲催的境地都能

得到改善。

在滴血验亲那场戏里，甄嬛遇到了天大的危机，有好几个证人都指证她有外遇，滴血认亲的物证对她也不利，皇后还猛在那里爆料煽惑。这种境地换了谁都头大，自己一点心理准备都没有，对手把人证物证都准备得超全，碰巧指认的事还确有其事，心里能不乱吗？

可是甄嬛到底是甄嬛，她虽然也慌乱了一下，但很快就冷静了下来，即时厘清了危机的脉络，准确地找到了危机的根系，认定那碗水有问题。当甄嬛把注意力集中在那碗水上的时候，貌似不可撼动的危机有缝了，再做实验，发现水确实被做过手脚，皇上也不傻，OK 了。就算证人再多，皇后和祺嫔的表情再严肃，都不顶事。这一回合，甄嬛又胜啦。

你看，会做局的人，总能把一个个危机演变成手里的"大单"，到最后成为大满贯的"单王"。你也不想两手空空吧？那就跟着甄嬛学学做局吧。

15 摸透皇上的脾气

翻开历史长卷，我们不难发现，凡权势大的达官显贵，他们的恭维水平必然很高，尤其是清乾隆时期的大臣和珅。提及和珅，人尽皆知，他可谓大清国第一巨贪，其家财富可敌国。那么，在乾隆执政时期，他又如何使自己拥有如此大的权势，以致成为乾隆皇帝身边的第一宠臣呢？对此，它的原因应该是多方面的，但其中有一个因素非常关键，那就是和珅非常善解乾隆的心意，且常出奇招，施展过人的奉承技巧。从这个角度说，和珅可谓我国历史上少有的善解人意的心理大师！

乾隆皇帝喜欢吟诗作赋，和珅早年就下功夫搜集乾隆的诗作，并对其常用的典故、风格等了解得一清二楚，闲暇时二人还有所唱和，为此，乾隆帝对他刮目相看。作为一个满人，和珅能在诗赋上有所建树，着实不易！清朝文人袁枚就曾夸赞和珅："少小温诗礼，通侯及冠军。弯弓朱雁落，健笔李摩云。"另据朝鲜使臣记载：乾隆帝每问及和珅一件事，和珅不仅回答得条条在理，还能将事情的来龙去脉说得清清楚楚，令"上意甚欢"。

乾隆信奉喇嘛教，和珅也跟着信。共同的宗教信仰使两人的关系更近一层。所以在精神领域，和珅成了与乾隆配合最默契的人。据说乾隆退位后，还是很关心朝中政事，后来白莲教起义更是使这位太上皇寝食难安。有一天，嘉庆帝与和珅都来觐见乾隆，而乾隆只管闭着眼睛自顾自地念念有词不与二人搭话。嘉庆努力地听了听，还是不明白父亲念叨些什么，只好在一边呆坐着。过了好久，乾隆突然睁开眼，冷不丁问了一句："那两个人叫什么名字？"和珅不假思索地回答："徐天德、苟文明。"乾隆听了，不再言语接着念。大约过了一个时辰，才打发和珅回去。嘉庆很好奇，因其间乾隆没有与和珅说过一句话，和珅却知道乾隆问的是什么。过了几天，嘉庆终于忍不住问和珅，和珅这才告诉他，原来那天乾隆念念有词的是喇嘛教中的一种秘密咒语，这种咒语传说可以使被诅咒的人虽远在千里之外还是会暴毙而亡。所以，当乾隆问人名的时候，和珅就知道一定是那两个乾隆最痛恨的乱民的名字。这个故事说明了和珅很会揣度乾隆的心思，再加上共同的信仰，两个人之间的默契程度远远超过了乾隆与亲生儿子。

凡此种种，都是和珅的过人之处。他对乾隆帝的脾气、爱好、生活习惯、思维方式了如指掌，可以充分做到想乾隆之所想，为乾隆之所为，这与一般的曲意迎奉、阿谀献媚有所不同，和珅的许多迎奉行为都具有深厚的同感基础，而不是以己度人，因而没有那么低俗和赤裸裸，而是相当地匠心独具。

甄嬛亦是如此。她知道皇上不喜欢后宫干涉朝政，所以自己绝口不提，即使皇上巴巴求着咨询她，她也是曲径通幽，以古喻今。知道皇上喜欢诗词歌赋，她就勤修苦练、样样精通。一开始皇上不喜欢她性子太倔，后来她也识时务了。一开始她和皇上别扭着，后来也想开了，大抵她也是这样想的：咱吃皇上的饭，就要看皇上的脸色，就要在他老人家面前收敛点儿自己的个性。那点儿个性，留着给果郡王看去。

上述史料与剧情，都告诉我们一个道理，即要想获得奉承的成功，是需具备一定条件的。作为职场中人，若想获得奉承的最佳效果，首先，你

应该充分地认知上司或领导，细致入微地了解、掌握他们的言谈举止、性格特点以及管理风格等个性特征。常言道：知己知彼，方可百战不殆！其次，就是要发挥自己的优势和特长迎合"上"意。

16 告状？掂量你那点儿事，在老板那里算多大事

受了主管的窝囊气，被同事欺负了，或者自认为顶头上司的某个决断不公，心里憋屈，冤枉，想向大老板告状，让他替自己主持公道，出口恶气。这一步险棋走不得！恶状可不是好告的！别说你这种小喽啰，即使像皇后那样的副总，都不敢随便乱告状。

《甄嬛传》中，皇后安插在华妃身边的内线小福子被华妃除掉，皇后也是咽不下这口气，尽管她证据确凿，但皇上并不袒护他，因为皇上有自己的考虑。他这时候不敢惹华妃，怕华妃向她哥哥年羹尧告状，当时西北有战事，要年羹尧率军平乱。皇上只是安抚了皇后几句，喂了她一口汤了事。

还有敬妃，也办了件弄巧成拙的事。她本想利用瑛贵人和三阿哥的私情把三阿哥搞臭，把皇后扳倒，不曾想却赔了夫人又折兵，不仅害死了无辜的瑛贵人，还帮了对手皇后一个忙，被皇后抓住把柄，引得皇上怀疑甄嬛居心不良，因为瑛贵人是果郡王府举荐的人啊。哎，智商低真可怕，她也不掂量掂量，区区一介嫔妃，怎比得过皇家的颜面？一个女人的清白怎能和皇子的性命相提并论？

男人，总是爱事业胜过美人的，皇上，总是以江山社稷为重；而老板，总是以公司利益为重。也因此，无论是日常汇报工作，还是告状，总要掂量掂量你这点儿事在大老板那里算多大点儿事，从而做出利己的选择。

我曾经就犯过这样的傻天真。我供职过的那家公司，现在已经是大名鼎鼎的某教育集团了，而当年，我初"入宫"时，那才是个只有三五人的小公司。在老板的眼里，我是个优秀的编辑，是个品性很好的员工，他整

天赞我堪称完美，夸我是难得的人才。当然，我受之无愧，咱工作兢兢业业，不迟到早退，处处维护公司利益，总是又快又好地完成工作。

两年后，公司规模渐大，编辑队伍已经增长到二十几人了。我已经成为一个老员工了。那时候来了个新的主管，这个新主管碍于私情，偏袒另一个女孩，管理工作做得很不到位，他工作任务量上分配严重不公，又在工作程序上乱卡。有一次我和他偏袒的女孩有争论，明显是那女孩的错，可这主管非说是我的不是，我们吵起来了。我据理力争，搞得他很没面子。他要我给他道歉，想得倒美，我才不干呢，我还指着他给我道歉呢。思来想去我死活咽不下这口气，就义愤填膺地跑到老板办公室告状。当时我心里是百分百有胜算的，我既是老员工，又没有错，反正是他冤枉了我，胡搅蛮缠的。我一定要老板给我做主，替我讨回公道，要这小子给我道歉。结果呢，老板还真就让我给他道歉，还和我商量：为了管理的需要，从大局出发，你就委屈一下子啦，不行以后我请你喝茶。我心理委屈极了，一气之下写了离职申请。我满以为老板会用力挽留，其实不然，人家只是轻描淡写地劝我没必要，我更加失落了。现在想想，实在是自己太天真了，和公司的管理制度和主管的权威相比，我那点小委屈算得了什么？在我这里是天大的事，在他那里或许根本不算事。我简直太不明智了。

所以，在你打算和领导提你的要求，沟通你的想法，或者是申冤之前，你一定要掂量你所主张的事在领导那里算多大的事。连皇后这样的"副总"都不敢乱告状，何况是你？假如你是底层的小职员，你越级告状，那就更危险了。

菜菜在广告公司从事策划工作三年有余，说经验老到还算不上，但脑袋里时不时蹦出点新玩意儿还是会有广告主买账。菜菜这三年也算是熬着过来的，她跟进的几个广告客户都是源于一次领导出差交给她负责某个项目后，接触和积累下来的客户。却没想到，自那以后只要是她的作品，领导都会想方设法地否定，根源就是因为她抢了他的"风头"，领导处处为难菜菜，给她穿小鞋。

有一次，还是因为策划案的事儿，菜菜忍无可忍，把顶头上司压迫她的事跟大老板一五一十地说了。最后还撂下一句话，他不走，我就走。

菜菜的领导也算是公司的元老，有着丰富的客户资源，老板虽然相信菜菜说的是实情，但公司的广告业务离不开菜菜顶头上司的支撑啊。所以对于菜菜的冤屈不置可否。年轻气盛的菜菜实在受不了上司频频否定她的作品，被逼无奈，只好辞职。

越级汇报、越级执行在职场上是出了名的雷区，被认为是职场中大不敬的事。这种大不敬之事，最好别做。做了，操作得当，可能侥幸过了这一关；操作不当，不但容易得罪上司，丢了帮手，还会给领导留下不好的印象。

17 和领导保持安全距离

甄嬛未及侍寝就被破格升为贵人，感慨颇多，接待完一波波前来庆贺的人，回到房间和槿汐说私房话。

槿汐："这后宫之事瞬息万变，不是害怕便可应对的，不过万变不离其宗，唯有'恩宠'二字最重要。"

甄嬛："恩宠太过，便是六宫侧目。"

槿汐："恩宠太少，便是六宫践踏，人人可欺。小主要知道，无论您是否得宠，这后宫的争斗，其实您从未远离过。"

是啊，人在职场漂，自然是有恩宠罩着最好。可是恩宠太过，也往往是祸。

作为下属，都想拉拢和上司的关系，因为提职、加薪、保住饭碗等这类职场生存事务都离不开上司对自己的评价和态度，几乎每个人都希望能给上司留下好的印象。有的人会这样认为，只要和上司之间像朋友一样相处，自然会在职场上胜出，但是，这是在与上司交往过程中的一个极大的误区。

领导和下属之间，关系太生疏了，领导眼里看不到你，心里想不到你，有什么好事自然轮不到你。而关系太过亲密，既容易树敌，又容易暴露自己的弱点，如果不经意间知道上司的隐私就更危险了，就如同埋下了一颗不定时的炸弹，这样反而会影响了自己的职业发展。

朋友贞的表妹静静是某公司部门主管，她的女上司是个"海归"，能力超强，可就是性格古怪，一不高兴就喜欢说：get out(滚开)，有点儿鬼脾气，变脸比变天还快，让人不好接近。

　　女上司已三十多岁还没结婚，对部下要求严格得近似苛刻。曾因静静的下属出了点漏子而把她叫到办公室臭骂了半天，气得静静想辞职，可又舍不得这份高薪的工作，只好忍气吞声。每次在贞处见到静静，必听她发一通牢骚，说在"老巫婆"手下干活很惨！

　　静静叫女上司"老巫婆"，我听了忍不住想笑，可也没啥好说的。

　　可事隔不久，听贞说静静和女上司成了好朋友，私下交往很密切。

　　原来有一次静静与女上司出差，上司突然发病，又呕又吐的，当时已是深更半夜，静静赶紧到总台拿药，悉心照顾，折腾了一个晚上。回来后，女上司对她的态度来了个180度大转弯，下班后主动约静静去吃饭或喝咖啡啥的，应酬时也会叫上她，还把自己的心里话吐露给静静。静静很感动，于是对贞说，上司简直是把她当成自己的姐妹来对待，什么话都跟她说。久而久之两人便成了无话不谈的好朋友。

　　那段时间大概也是静静进入职场后最开心的日子。

　　贞是搞人事的，见状就提醒她，工作归工作，私底下还是别跟女上司走得太近，至少得保持一定的距离。

　　静静性格本就有点大大咧咧的，听后很不以为然，以能与女上司过往甚密为荣，下了班照样与女上司出去玩。最近一次因女上司心情不好，静静陪她到酒吧喝酒，女上司喝醉了，当时哭得一塌糊涂，她一边哭一边诉说着自己的痛苦，还说自己坚守着一份爱情，却得不到回报，男朋友迟迟不肯和自己结婚等等。

　　静静没想到平时强悍的女上司那一刻非常的脆弱，那晚她还意外得知一个秘密，女上司的男朋友竟然是总公司平日那个不苟言笑的老总，可人家是有老婆的。

　　那么骄傲的一个人也是小三，静静很惊讶！

　　第二天上班再见到女上司的时候静静感到她的脸色有点儿不对，女上司说，昨晚喝多了酒，不知说了什么。静静赶紧说，我也喝得差不多了，

第五章 ——《甄嬛传》里的无敌处世箴言 对你好是情分，不对你好是本分

也想不起你说啥了。

巧的是，那阵子静静的部门要与另一部门合并，没有编制的人员得另寻出路。静静心里惴惴不安，她知道自己的前途及命运也许就在女上司的一念间：是留还是走？

贞就劝她表妹别太天真了，赶快另找一份工作，职场没有永远的敌人，也没有永远的朋友，更没有上司跟下属这种永远的"姐妹"。你知道女上司的事情越多，你的处境就越危险，虽然她不敢把你扫地出门，但她有权力让你闭嘴。

静静也感觉到了，自她知道女上司的秘密后，两人之间的关系不知不觉微妙起来，似乎已没有之前的随意相处。

静静决定辞职，而女上司也没有挽留的意思。静静也明白了：江湖险恶，职场如江湖。

职场老鸟们一般都会明白，任何时候都应当和上司保持一定的距离，这是非常重要的。不能太近，也不能太远。

接近领导有三个方面：一个是工作接近，一个是生活接近，还有一方面就是思想沟通。

工作接近既要和领导保持频繁的接触，又不要无论大事小事都去请示，更不要借口谈工作找领导东拉西扯，不着边际，套近乎。

切忌向领导汇报工作时拖泥带水，长篇大论。作为领导，管的事情很多，你的一项汇报就占了那么长的时间，他自然不会高兴。也许他还没听到你的思想闪光点就已经厌烦了，也许他还没有看完你的长篇文章就头疼了。这样，你的宏伟构想或许未经审阅就夭折了。

下属与领导的生活接近不可缺少，也不可过度。一定要明白，领导的许多私事是你的"禁区"，比如说家事。俗话说"家丑不可外扬"，谁都不希望自己家那点儿不甚光彩的事被别人知道，何况同在一起工作的领导呢？还有一句话叫作"清官难断家务事"。事情发生的时候你卷入了，只会让你左右为难，处境尴尬。事情过后，他们仍然是恩爱夫妻、父子亲人，而你则成了他们同仇敌忾的外人。这方面晚年的魏徵就做得比较明智。

魏徵晚年，皇太子承乾与弟弟魏王泰不和睦。群臣见魏王泰平时很受唐太宗宠爱，人心有些浮动。唐太宗便想让魏徵来帮助解决这件事，魏徵以年老有病为名坚辞不受。

而魏徵此前就曾因卷入皇室之争而险些被杀。魏徵辅佐李世民之前曾是太子李建成宫中的主要谋士，曾多次为李建成出谋划策，让他尽早除掉李世民以绝后患。但终因李世民先下手为强，于玄武门之变中射杀了李建成与李元吉。幸亏李世民珍惜人才，才使得魏徵免于一死。由此可见，作为下属要与领导保持距离，要做到不即不离，才能彼此相安。

把痛苦说够，
把利益说透

——《甄嬛传》里的
说服技巧

1 求人办事，要在对方心情好的时候开口

甄嬛产下一对双胞胎，皇上以为是自个的，暴喜。苏培盛忙跪下请赏，让皇上同意他和槿汐搞对象。这事虽然挺违规，老苏还因这事被狠狠收拾过，可皇上当时太高兴了，二话没说就准允了。老苏点掐得准啊，事办得也顺利，礼没送，求情话没说，领导直接就给办了，多爽。

可见，在别人遇到喜庆事的时候，一定抓住机会沾光。对方的心理状态影响着他做决定的速度，在他爹的葬礼上求他办事，和在他儿子的婚礼上求他办事，二者天差地别。

人遇到喜事，气量在不知不觉中变大，什么事情都变得可以包容。这时候对他们提出要求，被满足的概率就很大。就算对方觉得"这件事很难办吧"，但只要心情好，大部分情况下都能够答应。要知道很多不合常理的冲动消费，大多都是在心情特别好的时候做出的。过年的时候为啥东西好卖？就是因为全国人民都心情好啊，喜庆，俗话说财大气粗，被那喜庆气氛冲击的，财不大的气也粗了。一般来说，我们通常不会冲动购买类似于汽车、公寓和独栋别墅这样的高价资产。但是，人在心情特别好的时候，在经济能力允许的情况下，也容易冲动购买这些东西。

针对这一现象，科罗拉多大学的迈克尔·欧玛丽博士曾经做过这样一个实验。

她对其中一组参与实验的人说："请回忆在你记忆中最美好的片段。"等大家充分回忆了自己最幸福的时光后，她对这些人说："抱歉，现在想动员大家献血。"

于是，这一组中有 50% 的人很快就答应了献血的要求。

而对下一组实验人员，一进来就直接要求他们献血，据说当时没有一个人答应献血。

这个实验告诉我们，一个人在非常愉快的心理状态下，会很高兴地答

应任何要求，但是，如果是平时的话，就不可能轻易答应别人的请求。

当你掌握了这个规律，就应该在和客户的接触中，不留痕迹地打听客户近期有可能遇到哪些好事，你能帮上忙最好，不能的话，能现场参加庆功也是很有意义的一件事。无论通过何种途径，你都要保证坐在你面前的他心情是愉悦的。深圳"单王"胡品高在与客户交往中，就善于利用这一点，他总是诱导客户回忆自己人生中最美好的片段，等客户饶有兴趣地回忆完了，他赶紧把合同递上去，客户爽快签字的概率变得很大。反之，一见面直奔主题谈合同，客户肯定会仔细推敲，反复琢磨，生怕吃亏，不会轻易签单的。

这样的规律也可以用在你平日的工作当中：

"经理，我可以下周休假吗？"

"对不起，能给我一个项目的预算吗？"

"部长，我们能不能多招些员工？"

当你向领导汇报工作时，或申请领导同意你的某个想法时，你要认真地观察对方的情绪。揣摩他的心情，若他心情好你就开口，如果心情不好，千万别惹他烦，否则即使很简单的事他也会不假思索地拒绝你或把你晾一边。

一般情况下，工作繁忙时，不要找他。如果吃饭时间已到，也不要找他。休假前和度假刚返回时，也不要找他。

当我们不得不去请别人做一些难办的事情的时候，如果没有好的时机，我们应该怎么做呢？

瞄准"用餐后"的时间

因为一个人美餐一顿后就会有幸福的感觉，因此在这个时候你去找他办事，多少也会成全一些。或者请对方喝个茶，看他心情变好以后再开始谈正事。

借轻松幽默的玩笑话说实事

轻松幽默的话题，往往能引起感情上的愉悦；庄重严肃的话题会使人紧张慎重。只要有可能，最好能把庄重严肃的话题用轻松幽默的形式表达出来，这样对方可能更容易接受。

一个年轻人去一家外企工作。在较短的时间内，他连续两次提出合理化建议，使公司生产成本分别下降30％和20％。老板非常高兴，对他说："小伙子，好好干，我不会亏待你的。"

年轻人当然知道这句话可能意义重大，也可能一文不值。他想要点实在的，便轻松一笑，说："我想你会把这句话放到我的薪水袋里。"老板会心一笑，爽快应道："会的，一定会的。"不久他就获得了一个大红包和加薪奖励！

另外需要提示你的是，一旦你提出的要求对方允诺后，你要趁热打铁让他尽快落实，拖拉下来的话，可能夜长梦多，他就会改变主意。

2 动之以情，晓之以利

有这么一个寓言。天鹅、乌龟、小虾拉一辆车。天鹅拼命往天上飞，乌龟拼命往岸上拽，小虾拼命往水里拉，可车子却一动不动。因为它们拉车的目标没有取得一致。目标不统一，方向不统一，其结果自然是徒劳无功的。

这个寓言告诉我们一个道理，只有相同的利益，相同的目标，才能使各方达成共识，并为之努力。在交友办事过程中，如果让对方知道你和他有着共同的利益，双方必须结成利益同盟，才能劲往一处使，那事情自然就好办多了。

这个寓言故事甄嬛一定读过，她拉拢曹贵人就是用了这一招。

曹贵人是个狠角色，心思缜密心狠手辣，没有她，华妃是玩不转的。如何拔掉华妃这最锋利的爪牙？如何把这个厉害角色为我所用？甄嬛思量一番，决定从她最关注的利益下手。

生了孩子的女人最在乎的是什么？不是自己，不是老公，而是孩子。

曹贵人最在乎的当然是自己的女儿温宜公主，因为先前华妃为了吸引皇上多去翊坤宫，而把温宜公主抱到自己宫里喂养，为了制止小儿哭，不惜给她下药。这事儿已经引起曹贵人的不满了。再加上曹贵人在淳贵人落水时已经对甄嬛示好，为自己留了条后路。所以，甄嬛知道她的心思。

时机来了，准葛尔使者入宫求亲，皇帝认定"攘外须得安内"，将先帝幼女朝瑰公主嫁给准葛尔可汗；甄嬛向皇后提议曹贵人细心，适宜协助公主准备嫁妆。其实她是故意让曹贵人亲历此事，让她看到公主若没有有实力的母后保佑，将来会是多么惨。曹贵人眼见痛不欲生的朝瑰公主，兔死狐悲，心惊不已。

自助者天助之，不料，准葛尔老可汗娶得朝瑰三日后便暴毙，公主按当地习俗下嫁给老可汗之子。甄嬛转述公主近况，以温宜前途撼动曹贵人，二人达成共识。心明眼亮的曹贵人决定跟着甄嬛干。趁着华妃失势的当儿，落井下石，到皇后面前揭露华妃的种种恶行。皇上当即赐死华妃。此时，甄嬛和曹琴默完成了共同的目标。

当你有求于某人时，如果能让对方觉得他与你有相同的利益，对方办事就会更主动，就会收到更好的效果。

利益的相通性，同一性和互补性是建立在团结一致、同心协力的基础上的。只有这样，才能求得一荣俱荣，避免一损俱损的结果。

战国后期，经过商鞅变法后的秦国逐渐强大起来，成为七雄中实力最强的国家，齐、楚、燕、韩、赵、魏六国均无力单独抗击强秦的侵略。为了与强大的秦国对抗，保障弱小国家的利益，六国联合，势在必行。

公元前314年，苏秦先到燕国，向燕文王指出，自己的国家与燕国有着共同的敌人、共同的利益，在强大的秦国面前，各小国好比风中的蜡烛，只有大家联合起来，才能保护各国的利益不受侵犯。他劝说燕文王应与近在百里的赵国联合，以防千里之外的强秦。

燕文王接受了苏秦的建议之后，苏秦又来到赵国，向赵肃侯指出了大家的共同利益。他说："秦国进攻赵国，是因为顾虑韩、魏二国袭其后方。如果秦国先打败韩、魏，再举兵攻赵，那么赵国的灾难就到来了。"苏秦还向赵王指出：六国之地五倍于秦，六国之兵十倍于秦，如果为了共同的利益，能够合六为一，同心同德，必定能打败秦国。因此，他希望赵王邀请韩、齐、楚、燕等国国君进行谈判，共商六国联合抗秦大业，这样，秦国就不敢进攻六国中的任何一国了。

在整个游说过程中，苏秦抓住了各国都要维护自己的利益，秦国是他们的共同敌人这一主线，讲明六国有着共同的利益关系，合则可以抗强，分则有被秦国各个击破的危险。因此，同舟共济，联合抗秦，才是保护自己国家利益不被分割的唯一选择。

其实，一开始，当夏冬春羞辱安陵容，要她下跪时，甄嬛也就是用这一招数制服夏冬春的，甄嬛看不得夏冬春恃强凌弱，可是如何劝阻呢，夏氏不是善茬，给她讲情讲理都讲不通，那就只好用利害关系吓退她了。

夏冬春："你自负美貌，以为必然入选，便可以支使我吗？"

甄嬛："不敢，我只是为姐姐着想罢了。今日汉军旗大选，姐姐这样怕会惊动了圣驾，若是龙颜因此震怒，又岂是你我可以担当的？即便圣驾未惊，若传到他人耳中，坏了姐姐贤良的名声，更丢了咱们汉军旗的脸面，如此得不偿失，还望姐姐三思。"

说到此处，夏冬春愤愤然离开了。

有时候，即使没有共同的利益，也可以把对方绑在你利益的小战车上，就看你会不会说了。

前几天我在外地打出租车，司机抽烟，呛得我受不了，如何说服他把烟掐灭呢？若是直接说"您别抽烟了"他一定不高兴，不仅不给我好脸色，说不定还会给我绕圈子。我灵机一动，说："大哥，我一闻烟味就会晕车，我怕吐您车上给您添麻烦。"我这么一说，的哥赶紧高高兴兴把烟灭了。

3 从对方感兴趣的话题入手，引起心理认同

有时候，明明是在帮他人，若你说话的方式不对，也不会引起对方的赞同。就比如上文中我劝说的哥不要抽烟一事，若你说："师傅，您别抽烟了，抽烟对身体不好。"你这样说确实是为他好，但他却不会接受，他会继续抽烟，

还很有可能说："你管得着吗？我爱抽不抽，关你什么事？"

关于说服他人，卡耐基有句名言："无论你本人多么喜欢草莓，鱼也不会理睬它；只有以鱼本身喜爱的蚯蚓为饵，它才会上钩。"

说服他人支持你的做法，接受你的建议，强迫是不行的，如果对方不感兴趣，你万不可生拉硬绑在你的利益战车上，也要了解对方的心思，根据他的兴趣点在哪里，想方设法引起对方的心理认同，让他觉得你这么做是有道理的。

熹妃求端妃帮她营救槿汐，不说让她帮忙，也不说让她帮槿汐，她知道端妃对皇上的爱，视皇上为天地，所以她说：

"我呀，是一心想救槿汐和苏培盛，自然也是为了皇上，苏培盛在皇上跟前服侍多年，是最清楚皇上脾性的，如今乍然被拘，一则损伤皇上颜面，二者皇上身边儿也没有会服侍的人，处处不得顺心遂意。"

端妃点头："妹妹说的是啊。"

有了这个心理赞同后，端妃热火朝天地展开了对崔槿汐的营救活动，给皇帝吹吹耳边风，轻易成功。

求人办事就得这样，威逼利诱都不如引起对方的心理认同神效。其说服公式是：你想怎样？按我提议的这样做就能达到你祈愿的样子。

有一位懂得儿童心理学的母亲应用了这种谈话技巧，对孩子进行教导，收到了成效。她挑战儿子不喜欢吃菠菜。她没有像一般母亲面临这种情况时那样唠唠叨叨地说教，她压根没提菠菜营养多么丰富、多吃菠菜有什么好处，也没有采取强迫的手段。因为她知道孩子并不关心营养丰富与否；强迫也不能长久。

她是这么对孩子说的："×××不是老欺负你吗？因为他比你长得强壮。你知道吗？多吃菠菜，你就会长得比他更强壮！"

于是，孩子立即对菠菜产生了兴趣。在他的心中，最强烈的希望莫过于此。

对这个问题我也很有心得，我劝说小女孩洗脸洗手从来不板着面孔说"你要讲卫生"之类的俗套话，我会说："你不洗手的话会得病，得病就会打针，会很疼。你不洗脸就不漂亮了，会是个丑孩子，没人喜欢和你玩。"

让孩子讲卫生当然是为他们的健康，但这个利益不是他们感兴趣的，所以，他们宁愿不要。而不打针、长得漂亮、有小伙伴和自己玩是他们感兴趣的。

可见，人与人之间，拥有相同的频率，才能打开话匣子。

威廉小时候常到阿姨家去玩。有一次，阿姨家来了一位客人，当他同阿姨谈完正事后，转过身来和小威廉聊了起来。

两个人谈得十分投机，话题主要是小威廉当时正在玩着的小舰艇模型。这位大朋友似乎对舰艇知道得很多。一直到客人告辞之后，小威廉还以兴奋的心情赞扬着这位大朋友："这个叔叔真有趣，我从未见过这么喜爱小舰艇的人。"

阿姨的回答却是出乎意料的："不，他是纽约的一位著名律师，他对舰艇一窍不通，也毫无兴趣。"

"那他为什么谈得那么带劲？"小威廉简直难以接受这个事实。

"因为他是个有礼貌的人。看到你那么热衷于小舰艇模型，才跟你谈的啊！"

直到威廉成为知名大学教授以后，还对此事怀念不已："那位律师给我的印象太深了，至今依然在我的记忆中。"

无数的事实都说明，与对方在真实自然、坦诚相待的基础上沟通感情，随着交情的深入，你们说话的频率会越来越趋同，而当趋同的幅度最大时，提出请求，会很容易被满足。这一招是求人成事的上策。要想达到这个趋同值最大，就得善于抓住人心，善于站在对方的立场上思考问题；针对对方最关心的事引起话题，才能奏效。

4 把利益说透，把痛苦说够

如果你想吸引他人跟着你干，只要你能做到：把利益说透，把痛苦说够，那么，没有人不听你的话。

在这方面，皇后是 No.1。皇后招募马仔，或者要挟别人的时候，总是先菩萨，后小人。一开始她都是以恩人的面目出现，帮人家办个事，施以恩惠，让人心生感激，从感情上倾向于她，等她一旦抓住对方的小辫子触摸到对方的软肋后，开始亮出腹黑的绝活了，用暗语跟别人下达任务。

她争取安陵容，从发现她的巫蛊小玩偶到假装救了安比槐一命，当安陵容认准了她是后宫唯一的大树后，她就开始指使安陵容各种调香各种害人，愈演愈烈。

安陵容身体受了风寒，皇上一个多月没去她那里了，反而淳贵人正得宠，正是拉拢安陵容的好时机。皇后开始行动了。她亲自看望安陵容，叮嘱她要注意身体，拉着她的手，说的尽是些负责任的暖心窝子的姐妹话啊，还送了东阿阿胶。还佯装侍候她躺下，借此机会拎出了安陵容枕头下扎针的小人，发现了安陵容诅咒华妃的秘密。皇后装得很保护安陵容的样子，先把其余人等都支走，佯装帮安陵容守住秘密，接着开始发挥了：

"你有几条命去诅咒华妃呀？到底为什么？"

"荒唐，本宫一向以为你聪明乖觉，想不到如此糊涂，敢在宫中行诅咒之术。"

安陵容自然吓得魂不附体，"臣妾愚昧，还请娘娘宽恕。"

见安陵容害怕了，皇后就开始煽火了，往死里吓唬她："不但愚昧，而且愚不可及。若被华妃看到了，你这条命还要不要？这种诅咒之术不过依赖鬼神，但你的祸福性命只在你自己手里，如果诅咒之术真有用的话，天下之人都不必长脑子用心思了。"

安陵容还是说："臣妾糊涂。"

一看这妮子吓得够呛了，痛苦说得够了，皇后开始给她指明方向了："本宫无心理会你有多恨华妃，本宫只想告诉你，与其费心于诅咒之术，不如用心讨好皇上来得事半功倍。"

安陵容连连称是："臣妾知错。"

皇后："这傻孩子，拿去烧了，本宫只当没看见。"

一切都按照皇后预想的发展，安陵容感激不尽："臣妾感激娘娘眷顾。"

皇后："你孤在宫中难免凄凉，纵然有菀贵人这样的姐妹，可她深得恩宠，恐怕也不能事事顾及到你，你若以后再有委屈，就向本宫倾诉，不许再有这样糊涂的念头了。"话说到这里，OK，皇后的橄榄枝算是递到安陵容手里了。

安陵容也接了，她说："娘娘眷顾臣妾，臣妾铭记在心，没齿不忘。"

为了把这妮子攥得更牢，皇后娘娘还不忘把她的退路拆掉，挑拨离间说今天这事是安陵容最亲爱的姐妹告诉她的。安陵容不用想就知道是甄嬛出卖了她。

这是皇后第一次向安陵容伸出橄榄枝，她先是嘘寒问暖，把气氛造得暖暖的。然后开始吓唬，把痛苦说够，再把利益说透，让安陵容好自为之，自己选择。

皇后的思路可归结为：这后宫里只有我一棵大树，要想在大树底下乘凉，就得听我的，跟我干。跟着我干，就是无穷无尽的福，不跟我干，就是一眼望不到边的苦海。你自己看着办吧。

皇后从来不强迫别人，她知道强扭的瓜不甜，强拉的人也不可靠，她都是把利害关系摆出来，你自己看着办。就她那一通说，任何人都会被洗脑。

把痛苦说够，把利害说透，是利益原则在谋略学上的最直接运用。可以说，利益原则可能是人类行动的最高、最靠谱原则。精明的说客和外交家必定深谙此道。

烛之武凭三寸不烂之舌说退秦军，不费一兵一卒为郑国解了围，便是一个典型的范例。

鲁僖公三十年九月十三日，晋文公和秦穆公派兵联合围攻郑国，因为郑国曾对晋文公无礼，并且亲近楚国。晋军驻扎在函陵，秦军驻扎在汜水南面。

佚之狐对郑文公说："国家很危险了！如果派烛之武去见秦国国君，敌军一定会撤回去。"郑文公听从了佚之狐的建议。但烛之武推辞说："我年壮的时候尚且比不上人家，现在老了，更做不了什么了。"郑文公说："我没能及早任用您，现在国家危急才来求您，这是我的过错。然而，郑国灭亡了，对您也有不利的地方啊！"于是烛之武答应了。

夜里，郑国人用绳子把烛之武吊出了城。烛之武去见秦穆公说："秦国和晋国围攻郑国，郑国已经知道自己要灭亡了。如果郑国灭亡了能对您有利，那么冒昧地拿这件事麻烦您还值得。可是越过一个国家而把遥远的郑国作为边邑，您一定知道这样做很困难。如果这样，哪里用得着灭亡郑国来增强邻国的实力呢？邻国实力增强了，您的实力就减弱了。如果留下郑国，让它作为您秦国东道路上的主人，秦国使节来来往往，郑国可以随时供给他们一些短缺的物资，对您也没有什么害处。再说，您曾经给过晋惠公恩惠。他答应过把焦邑和瑕邑给您，而他早上一过黄河、晚上就修筑工事拒秦，这事您是知道的。晋国何曾有过满足的时候？它已经向东把郑国当作了边界，又打算尽力向西扩张边界；那时不损害秦国的利益，它从哪里去取得土地呢？损害秦国而让晋国得到好处，还望您考虑考虑这件事情吧！"

秦穆公听了烛之武的话很高兴，就同郑国订立了盟约，并派大夫杞子、逢孙和杨孙驻守郑国，自己领兵回国了。

晋国大夫狐偃请求进攻秦军。晋文公说："不能这么做。如果没有那个人的力量，我到不了今天这个地步。借助了别人的力量又去损害他，这是不仁义；失去了同盟国，这是不明智的；用分裂来代替团结一致，这是不勇武的。我们还是回去吧！"于是晋军也离开了郑国。

像烛之武这样的说客在春秋时代扮演着重要角色，他们穿梭来往于各国之间，或穿针引线，搭桥过河，或挑拨离间，挖敌方墙脚，或施缓兵之计，赢得喘息之机。可以说，缺少了这些用现代词语称为外交家的角色，春秋舞台所上演的戏剧，必定没有那么惊心动魄。我们发现，这些说客或外交家除了有高超的言辞辩才，善于动之以情晓之以理之外，往往善于抓住利害关系，在利害关系上寻找弱点和突破口，从而大获成功。这一点，也可以为你我所用，在说服他人时要把话说到点子上，把利害关系摆明、说透，到时候不用你多费口舌，他们自动会做出利己的选择。

5 旁敲侧击，顾左右而言他

安陵容到死都不明白一件事，他父亲落难，死里逃生，她一直把这大恩大德记在皇后头上，其实安比槐一案，说到底还是甄嬛帮了她。皇上卖给甄嬛这个人情，不仅是因为她是皇上的心上人，还因为她有嘴有心，能说会道。

一般而言，甄嬛找皇上办事，从不像皇后和华妃那样直白，而是曲径通幽，润物无声。既表明了观点，又讨得皇上喜欢，还不说别人坏话。

这一回，她轻轻地进去，娴静若水，心平气和，只是帮皇上收拾奏折，做家务，而不是像华妃那样上来就火急火燎地大喊：皇上皇上。且看嬛嬛是怎样营救的。

为了安比槐的案子，先前皇后和华妃都来过了，华妃来过甄嬛是通过案几上的一把纨扇猜到的。那把纨扇一上手，就有一股极浓的脂粉香扑面而来，是"天宫巧"的气味，这种胭脂制作不易，宫中能用的妃嫔并无几人。皇后又素性不喜香，也就只有华妃会用了。看看甄嬛的逻辑推理能力，够强吧？

而皇后娘娘也来过，是甄嬛套话套出来的。

甄嬛借扇子说话，通过扇子上的香味打开话题，看似小女人的撒娇，实则大有乾坤。

甄嬛："华妃娘娘大热的午后赶来，果然有心。"

皇上："什么都瞒不过你。皇后前脚刚走华妃就到了，她们都为同一个人来。"

甄嬛："可是为了安陵容之父松阳县丞安比槐？"

皇上："正是，那么你又是为何而来？"

甄嬛："让嬛嬛来猜上一猜。皇后娘娘仁善，必定是为安答应求情来的。华妃娘娘刚直不阿，想必是要四郎执法严明，不徇私情。"

皇上："那么你呢？"

甄嬛："后宫不得干政，嬛嬛铭记于心。嬛嬛只是奇怪，皇后娘娘与华妃娘娘同为安比槐一事面见皇上，不知真的是两位娘娘意见相左，还是这件事情本就值得再细细推敲。"

皇上："什么推敲？"

甄嬛："臣妾幼时观史，见圣主明君责罚臣民时，往往责其首而宽其从，恩威并济，使臣民敬畏之外，更感激天恩浩荡。皇上一向仰慕唐宗宋祖风范，皇上亦是明君仁主，臣妾愚昧，认为外有战事，内有刑狱，二者清则社稷明。"

皇上："朕只知你一向饱读诗书，不想史书国策亦通，句句不涉朝政，却句句以史明政，有卿如此，朕如得至宝。"

你看甄嬛办事的技巧，实在是太高了，人家从头到尾一句求人的话都没说，和老公嗦来嗦去地就把犯了罪的人给"捞"出来了。

生活中为人求情、代人办事常常遇到令人不满意的情况，直言可能会引起对方的反感，可是只要你学会委婉的表达方法，旁敲侧击，往往能起到意想不到的效果。

春秋时期的晋灵公，生活奢侈腐化。某年下令兴建一座九层高的楼台，群臣劝说，他生气了，于是干脆又下了一道命令，敢劝阻建九层台者斩首。这样一来便没人敢说话了。

只有一个叫孙息的大臣很得灵公喜欢。他告诉灵公说自己能把九个棋子摞起来，上面还能再摞九个鸡蛋。灵公听了，觉得这事儿挺新鲜，便立即要孙息露一手让他开开眼界。孙息也不推辞，就把九个棋子摞在一起，接着又小心翼翼地把鸡蛋往棋子上摞，放第一个，第二个……

孙息自己紧张得满头大汗，战战兢兢。看的人也大气不敢出。因为孙息倘若不能把鸡蛋摞好，就犯了欺君之罪。

这时，灵公也憋不住了，大叫："危险！"孙息却从容不迫地说："这算什么危险，还有比这更危险的事哩！"灵公也被勾起了好奇心，便问道："还有什么比这更危险的吗？"

孙息便掂掂手中的鸡蛋，慢吞吞地说："建九层台就比这危险百倍。如此之高台三年难成，三年中要征用全国民力，使男人不能耕田种地，

第六章 把痛苦说够，把利益说透 《甄嬛传》里的说服技巧

女人不能纺纱织布，老百姓没有收成，国家也就穷困了。而国家穷困了，敌国便会趁机打进来，大王您也就完了。你说这不比往棋子上摞鸡蛋更危险吗？"

灵公听出了孙息的弦外之音，这几句话就像银针一样插在了灵公的穴位上，让灵公惊出了一身冷汗，于是他立即下令停工。

孙息让晋灵公看了场不成功的杂技表演，更受了一场形象生动的批评，那味道确实是又苦又受用。正在气头上的人，是很难听进别人的诤言相劝的。何况他还拥有至高无上的权威，但孙息的几句顾左右而言他的话便让灵公如梦初醒，药到病除了。孙息打动晋灵公的关键之处还在于其巧妙运用了以理服人的谈话策略，使别人"不得不爱听"了。

6 树立百问不倒的"不倒翁"形象

无论甄嬛被问罪，还是被刁难，都让我想起了小时候玩过的"不倒翁"——怎么推都推不倒，眼看着它倒了，结果噌一下就站起来了。

无论和谁斗嘴皮子，甄嬛都是稳占上风的那个。满身是刺的问题她也能接得妥妥帖帖，回得干净利落。

圆明园避暑那阵，曹贵人挑起是非，拿风流倜傥的十七爷说事，扇了点儿风点了把火就闪人了，留下皇上对甄嬛第一次起了疑心。

甄嬛顿时也心慌了，心有旁骛，竟然把琴弦给弄断了。

皇上问罪："不过朕倒另有一个疑惑，你对朕的情意朕已经明了，只是朕想知道，你是何时对朕有情的？"

甄嬛："臣妾看见的是臣妾面前的这个人，无关名分与称呼。"

皇上："怎么说？"

甄嬛："皇上借果郡王之名，与臣妾品箫赏花，臣妾虽感慕皇上才华，但一心以为您是王爷，所以处处谨慎，不敢越了规矩多加亲近。皇上表明身份后，对臣妾多加照拂，并非只是对其他妃嫔一般对待，臣妾对皇上不只是君臣之礼，更有夫妻之情。若真要追究，臣妾是何时对皇上动情的，臣妾对皇上动心，是在皇上解余氏之困之时……”

一席话说得龙颜大悦，“朕不过是随口一问罢了。”

甄嬛知道这绝不是随口一问，为了彻底打消皇上心里的疑虑，她追加一句：“臣妾敬重您是君，但更把皇上视作臣妾的夫君来爱重。”

这下子说得皇上放下圣驾连连给她道歉。

是，在“外交”上，甄嬛就是个“不倒翁”。即便你言之凿凿铁证如山，她都能急中生智随机应变，反正你是问不住她。我在想，假如甄嬛穿越到现在做哪个部门的发言人，她是绝对不会说出“至于你信不信，反正我信了”这样的二愣子话。

还有圆明园内九州清宴内被刁难跳惊鸿舞那一回，无论她跳与不跳，跳得好与不好，都不会落好。后来好在甄嬛人脉广，在果郡王的《长相思》伴奏下，跳得美不胜收，众人都服了，可是贼心不死的曹贵人还是抓住甄嬛的舞技与纯元皇后的舞技相比，甄嬛也能应付自如，她说：

“臣妾未曾见纯元皇后作惊鸿舞的绝妙风采，实在是臣妾福薄，臣妾今日所作惊鸿舞，是拟梅妃之态的旧曲，萤烛之辉，怎能与纯元皇后的明月之光相较？”

不被人问倒，这是混江湖的诀窍，不要被老板问住，老板就会信服你；不要被客户问住，客户就会被你说服；不要被对手问住，对手就可能佩服你。无论何时何地，对答如流，自圆其说，就会对自己有益。

其实世界上本来就没有绝对的东西，只要你能够将自己的观点与做法说得合情合理，便可以赢得赞赏。世界上也没有万无一失的提防，只要你应变能力够强，就一定能找到对方的漏洞，为自己找到空间。

有一位销售员在一家百货商店前推销他那些“折不断的”梳子。为了消除围观者的疑虑，他捏着一把梳子的两端使它弯曲起来。突然间，那把梳子啪的一下折断了，销售员顿时惊得目瞪口呆。很快他把折断的梳子高高地举了起来，对围观的人群说：“女士们、先生们，这就是梳子内部的样子。”

有一位报幕员用优美的声调对观众说道："尊敬的女士们、先生们，下面我们将欣赏到多次获得国际比赛大奖、世界著名作曲家贝托罗先生用小提琴为我们演奏的几首美妙的乐曲。"

"可我根本不是什么小提琴家，"贝托罗不好意思地对报幕员说："我是钢琴家。"

"女士们、先生们，"报幕员又说，"不巧，贝托罗把小提琴忘在家里，因此，他决定改用钢琴演奏几支钢琴曲。这个机会更难得，请大家鼓掌欢迎。"

当然，甄嬛之所以能做到百问不倒，一方面是她反应快、头脑灵活；另一方面就是她知识面广、信息量大；还有一点就是她人际关系好，关键时候能有人帮衬。也许你没有那样的出身，没有那样的修养，但只要你现在开始练习，一定会得到提高。这就需要我们平时多多读书，多多磨炼，头脑充实，机智敏捷，反应灵活，并且遇事冷静、不急不躁，与此同时，还要注意培养敏捷的表达能力，以及逻辑与语言修辞素养。

7 入耳时是棉花，入心后是利刃

宫里人，除了华妃夏冬春那几个没脑子之外，其他人都是口蜜腹剑的主儿。即使是仇人见了，也跟情人似的，话说得绵里藏针，颇多机锋，入耳时都是棉花，入心后皆为利刃，处处反客为主把优势占尽。能把说话术修炼到这个份上，真是本事。

曹贵人嘻嘻哈哈说笑间就用果郡王的事害得皇上和甄嬛之间起了龃龉，事后在圆明园遛弯儿见了面还乖乖地给甄嬛道歉。其实哪里是道歉啊，那是扛着胜利的大旗在宣战，但是听起来就是道歉啊，你听：

"上次是姐姐失言了，听说还引得皇上与妹妹起了龃龉，可姐姐我确实是无心的。这会儿见了妹妹，少不得要向妹妹赔罪了。"

甄嬛自然是没法子说什么难听的话，也是好言好语地回敬。这哑巴亏吃的，真够郁闷的。

所以说，在宫中，战书都写得跟情书似的，骂架都骂得柔情蜜意的，杀人都杀得卿卿我我的。皇后、华妃、甄嬛这三个人的绵里藏针的本事在丽嫔吓疯后的监护权争夺战上发挥得淋漓尽致。

余氏投毒一案，甄嬛让小允子扮鬼吓唬丽嫔说出真相，丽嫔胆小中计，马上就要说出实情，皇后和甄嬛一伙人想扳倒华妃，就要带丽嫔回景仁宫询问，华妃见势不妙，自然横加阻挠。于是，在丽嫔的监管权上，发生了争夺大战。

皇后："疯言疯语成何体统，你这样子本宫也不放心哪，江福海，带丽嫔回景仁宫。"

华妃："皇后娘娘，丽嫔的病症像是失心疯，怎能带去景仁宫扰您休息？还是由臣妾带回去，让臣妾照顾吧。"

你看，华妃的意思是不想让皇后管辖她的人，却并不提这事，而以不忍打扰皇后休息为理由。皇后自然也不傻啊，她继续争取：

"景仁宫那么大，总会有地方安置，更何况丽嫔她虽说神志不清，可言语之间口口声声涉及余氏投毒一事，事关重大，本宫不得不追查。难道华妃觉得丽嫔在本宫那里，有什么不妥吗？"

你看，皇后不想让出管辖权，用了反问句，诘问华妃"在我那里有何不妥？"

华妃是咬定青山不放松：

"臣妾自然不担心皇后照顾有何不妥，只是皇上亲命臣妾协理六宫，当然那是觉得臣妾可以为皇后分忧了。臣妾怕皇上怪罪臣妾，不体恤皇后。"

一看华妃把皇上的授权搬出来了，甄嬛怕皇后应对不过来，立马站出来帮腔：

"皇后乃六宫之主，由您亲自费神，皇上更加必定放心。"为了赶紧把这事了了，甄嬛带头吆喝一句："恭送皇后娘娘。"众嫔妃跟随。你看，这恭送的礼节都行完了，你华妃还有什么话说？

华妃傻眼了。

所以，同样是锐利之物，芒刺和银针刺在身上效果是截然不同的，芒

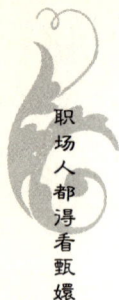

刺刺在身上会锥心地痛，让人嗷嗷叫，然后毫不留情地拔掉。而银针刺准了既能治病救人，还让人无法拒绝。这样的话语模式不仅是后宫的官方语系，其实同样适用于人生的其他场合。

而且不是只有名人、大明星才有幽默的细胞，"草根"们的力量也是伟大的。不信？请看小杨的例子。

小杨大学毕业后，来到一个偏远的山村做了个村官。工作半年后，她的能力已经被绝大多数人认可了。恰巧这时，以前的村长过世了，全村的人决定重新选举村长。

凭着这半年里积攒的人气，小杨获得了最高票数。

不料，一个庄稼汉却站出来坚决反对："让一个女人当村长，我没听错吧？我们村这么多年，历来都是爷们管事儿，现在却让一个女人进入村委会，还要当村长，我不同意！"

气氛变得尴尬起来。在这个地方，男尊女卑的封建残余思想还根深蒂固。听完庄稼汉的荒唐论调后，很多人变得开始动摇了。

这时，小杨看着那名庄稼汉，一字一顿地说："大叔，你必须搞清楚一件事，性别并不是决定村长的关键。毕竟，村委会又不是澡堂子。"

话音刚落，人群中的笑声便此起彼伏，那个坚持男尊女卑的庄稼汉茫然无措地站在那儿，再也没有发言。

后来，小杨顺利当选了该村村长。

原本，男尊女卑就是极其荒唐的论调。小杨的那个比喻，狠狠地讽刺了那些带有偏见的人。小杨通过努力，获得了全村人的认可，怎么能在竞选村长时因为性别的原因而被拒之门外？

于是，她用了一个对比色彩异常强烈的比喻：村委会和澡堂子，一个庄重，一个随意，两者被"反喻"连接到一起时，就有种让人哑然失笑的"笑果"。

在面对无礼的守旧者时，小杨的做法是十分明智的。因为对于无礼之人，激烈的争辩是没有意义的，不如用一个小小的幽默技巧，绵里藏针，足以一句话"噎死"对方，让他无言以对，面红耳赤。

8 借力打力，以其人之道还治其人之身

当有人向你发起挑衅时，最佳方法莫过于"以子之矛，攻子之盾"，借对方的力量反击对方，让对方陷入进退维谷的两难境地。曹贵人够厉害吧？甄嬛经常用这一招来收拾她。

那日众嫔妃给皇后请安，富察贵人得意扬扬地公布有孕。一帮女人又互相掐了一番，匆匆散会。甄嬛第一个从皇后宫里出来，曹贵人紧追不舍，刚出了宫门就上来挑衅："菀贵人，做姐姐的愚钝，有一事不明，还想请教一下菀贵人。"

甄嬛："姐姐问便是。"

曹贵人："我真是替妹妹感到惋惜，要说皇上最宠爱妹妹了，妹妹所承的雨露自然也最多，怎么到了这会儿还没动静啊。眼下富察贵人有了孕，皇上以后少不得要在她身上分心了，妹妹你得了空，可要好好调理自己的身子。"

甄嬛："富察贵人怀有龙种，皇上关怀也是情理中事，妹妹有空自会调理身子，姐姐也要好好调理温宜公主的身子才是。公主千金之体，万不可有什么闪失。"

曹贵人："是，菀贵人。"

当时恰好华妃也走出来了，她刚刚得知富察贵人有孕，正气不打一处来呢，这可真是天赐良机啊，甄嬛修理曹贵人的机会来喽。

甄嬛："曹贵人言语冒犯娘娘，嫔妾替姐姐向娘娘请罪，望娘娘恕罪。"

华妃丈二和尚摸不着头脑，问："什么呀？"

甄嬛："曹贵人适才说，嫔妾所承雨露最多却无身孕，这话不是借着妹妹的事，来讥讽娘娘吗？嫔妾之中究竟还是娘娘所承雨露最多，嫔妾替姐姐向娘娘请罪。"

华妃果然大怒，讥讽曹贵人说："有孕又如何，无孕又如何？天命若顾我，

必将赐我一子，若天命不眷顾，也不过是个女儿。聊胜于无而已。"

甄嬛："娘娘说得有理，有无子息，得宠终归得宠，就算母凭子贵，也要看这孩子合不合皇上的心意。"

你看，甄嬛用这一招，可谓一石两鸟啊。她借用曹贵人的力，既有力地回击了曹贵人，又狠狠地刺激了华妃，还离间了华妃和曹贵人之间的关系，果然是厉害啊。甄嬛修理安陵容，也是用这一招，安陵容是一等一的制香高手，甄嬛是"师夷长技以制夷"，用从她那里偷来的香，害她在皇上面前露馅。

谈判辩论最巧妙的方法莫过于运用对方的观点来攻击对方的观点，让其陷入自相矛盾、哑口无言的境地。这种方法的巧妙运用不但能使自己的聪明才智得到展示，也能用道理迫使对方承认自己的错误，从而达到一石多鸟的目的。

欧洲的中世纪是一个黑暗的时代。统治者为了巩固自己的统治，大肆宣扬神学，鼓吹宿命论。

一次，一位神学家又在鼓吹"上帝是万能的"，这时有一个人站起来，大声问道：

"我可以问个问题吗？"

"当然可以。"

"上帝果真像你说的那样万能吗？"

"那当然，这是毫无疑问的。"

"上帝能够创造一切吗？"

"是的。"

"那上帝能创造出一块连他自己也搬不动的石头吗？"

"当然可以。"

"那他岂不是举不动那块石头，而你怎么能说上帝是万能的呢？"

神学家到这时已经是哑口无言，恼羞成怒了。

这个人就是后来被宗教裁判所烧死的无神论斗士——布鲁诺。

汉武帝晚年迷信神仙，一心想要长生不老，有些江湖骗子便打起了汉武帝的主意。一天，有个道士向汉武帝进献长生不老之药。当这个道士拿着药来到宫门时，守门的卫士问道："这药可以吃吗？"

"当然可以。"献药的人回答。

于是卫士将药夺了过来，随即吃了。汉武帝得报，大怒，命人将卫士捆了起来。

卫士对汉武帝说："皇上请听小人一言：当初我问献药的人'此药可以吃吗'？他说'可以吃'，所以我才拿来吃了。这是献药人的过错而不是在下的罪过呀。如果他说不可以吃，我自然就不会吃了。"

汉武帝听罢，怒道："你还敢狡辩，不杀你难解寡人心头之恨。"

卫士接着说：

"皇上要杀我也行，让我把话说完。"

"你还有什么好说的？"

"此人给皇上进奉的是不死之药，说是吃了它就可以长生不老，不会死去。现在我已吃了这种药，如果您杀死我，就说明这药是假的，根本就不能长生不老，那这个人就是来欺骗皇上的，世间哪有什么长生不死之药啊！"

汉武帝听了他的这番话，无可奈何，摆摆手将他放了，同时把那个献药者逐出宫门。

那个聪明的卫士后来得到了武帝的赏识，被破格提拔为副将。可见"以子之矛，攻子之盾"的"歪理"能让人无可奈何，最后也只能让人"心服口不一定服"了。

这样的应辩术不仅大人会用，聪明的小孩子也会使用。

孔亮今年10岁，是个很聪明的小孩，这一点让他妈一直引以为豪。

一天，孔亮跟随妈妈到一个朋友家中去玩。他看到那家人有个十几岁的少年在做数学题，出于好奇，孔亮也在心里算了起来。不一会儿，他就报出了正确答案，把在场的人都吓了一跳。

"真是个聪明的孩子啊！"大人们都夸道。

那个少年觉得被一个小毛孩比下去了，很没面子，顿时接口道："小时候聪明的人，长大了不一定顶用。"

说完后，少年洋洋得意地看着孔亮，等着他出丑。

谁知孔亮只是微微一笑，看着少年说道："那么你像我这么大的时候，一定很聪明啦！"

满屋子的人都笑了，而那个少年，也窘得红透了脸。

看到大家都在夸奖孔亮聪明，少年不服气，故意说"小时候聪明的人，长大了不一定有用"。想不到的是，孔亮的回答更绝——那么你小时候一定很聪明啦。表面上夸了少年，其实是在暗讽现在的他很笨。这一招"借力打力"，非常有力地回击了少年的嘲讽，效果十分明显。

9 多赞美，你能搞定一切

无论你承认不承认，甄嬛的人缘是最好的，人脉是最广的，这是因为她是个自谦的好女人，总是放低自己的姿态，真诚善意地赞美别人，抬举被人。她那些恰到好处的赞美话，即使是嫉恨她的敌人，听了也舒坦得很。

甄嬛圣眷正浓时，先前背弃她的太监康禄海又想回到甄嬛身边，正在御花园里苦苦哀求，结果被他现在的小主丽嫔和曹贵人撞见了。丽嫔怀疑甄嬛挖她的墙脚，厉声质问。甄嬛先是不慌不忙地行下礼请安，然后不卑不亢地解释道："康禄海原是我宫里的奴才，承蒙贵嫔姐姐不弃，才把他召到左右。既已是贵嫔姐姐的奴才，哪有妹妹再随便要了去的道理。妹妹虽然年轻不懂事，也断然不会出这样的差池。"

丽嫔："莞贵人还算懂规矩，难怪皇上这么宠爱你，尚未侍寝就晋你的位分，本宫也只能望尘莫及了。"

甄嬛："皇上不过是看着妹妹前段时间病重，可怜妹妹罢了。在皇上心里，自然是看重姐姐胜过妹妹百倍的。"

听了甄嬛这一席话，丽嫔愠怒的面色稍霁，甄嬛用自己的赞美及时消除了他人的嫉恨。

赞美，是甄嬛的习惯，无论好人坏人，友人还是敌人，她都是礼数周全，敬着别人，适度地赞美别人。即使是别人拿刀尖指着她，她也不改本色，就比如一开始面试时她替安陵容出气，夏冬春气不过，狠狠地说："我会记着你的。"言下之意是我一定报复你。

甄嬛照样赞美她说："姐姐貌美动人，见过姐姐之人，才会念念不忘呢。"假如我是夏冬春，我一定气消了，即使不立地成佛，也定然放下屠刀立地拥抱。

所以，无论和谁打交道，都不要吝啬你的赞美，前两天一个做销售的小朋友对我唠叨："没想到做个销售这么难，不就卖个车嘛，光培训我们学会赞美就培训了一周，太夸张了吧，有这个必要吗？"

我赶紧告诉他，太有必要了，把赞美课上好了，学会赞美了，你卖啥都能行，全世界各地都能吃得开。我于是就给他讲了比恩·凯莉的故事。

比恩·凯莉是美国的一位网络推广高手，她曾经说："我能让任何人买我的产品。"她推广产品的秘诀只有一条：非常善于赞美顾客，并且精通攻心术，做到奉承不留痕迹。

有一天，她去一家网络营销公司推广产品。办公室里的员工看了很多产品，正要准备付钱，忽然进来一个人，大声说："这些跟垃圾似的到处都有，你们买它干什么？"听见这话，凯莉正准备向他露出笑脸，他却更加强硬地表示拒绝："你别向我推广。我肯定不会要，我保证不会要！"

"您说得很对，您怎么会要这些产品呢？明眼人一下子就能看得出来，您读过很多书，文化素养很高，气宇非凡。如果您有弟弟或妹妹，他们一定会以您为荣，为您感到自豪和骄傲，也会非常尊重您。"凯莉微笑着，不紧不慢地说。

"你怎么知道我有弟弟或者妹妹？"这位先生有点兴趣了。

凯莉回答："当我看到您，您给我的第一感觉就有兄长的风范。我想，如果谁有您这样的哥哥，那他就是上帝最眷顾的人！"

接下来，这个人开始以大哥教导妹妹的语气说话，凯莉则像对大哥那样尊敬地赞美他，两人聊了十多分钟。最后，那位先生以支持凯莉这位妹妹的工作为由，为他自己的亲弟弟购买了几个产品。

凯莉在当天的日记中写道："其实，我心里很明白，只要能够跟我的顾

客聊上三分钟，他不买我的产品，那是不可能的。因为，无论做人还是做事，要改变一个人，最有效的方式是传递信心，转移情绪。"同时，她也写下了另一条人性定律："人是感性左右理性的动物。若一个人的感性被真正调动了，那么，他想拒绝你会比接受你还要难。而要想迅速控制一个人的感性，最有效快捷的方法就是恰如其分地赞美。"

学会赞美，你可以做到一切。这不是空话。

当然，为了让赞美到位，起到潜移默化的效果，朋友们还需要掌握以下几个诀窍：

1. 事先准备好赞美的"资料"。你应该针对别人具体的事情，比如工作成果、考试成绩等，进行适当的赞美。最好不要使用空泛、含糊的赞誉之辞，以免弄巧成拙；而且，还要预先做好准备。因为言之有物，对方才会被你的赞美所打动，从而毫无保留地敞开心扉。例如，跟你说话的人把儿子带在身边，你就可以夸他的儿子聪明机灵、活泼开朗，即使他非常调皮捣蛋，你也要发现他的"可爱"之处；如果你打算拜访一位自命风雅的生意人，你就要事先准备好，和他谈谈琴棋书画和诗词歌赋。

2. 赞美要符合实际情况，不能夸大其词。真正的赞美，是有根有据的。如果别人自认为是缺点的事，却被你大加"赞扬"，就会让对方很难接受。你不能对一个满脸长着雀斑的姑娘夸她肤如凝脂。因此，你的赞美不仅要符合对方的身份、地位、性格等，还要切合实际情况、实事求是，不能无中生有、言过其实。

3. 真诚的赞美最动人。感情是大多数人的软肋，只有感情才更容易让彼此靠近；要想抓住别人感情的软肋，平时就要给予对方更多的关注，以及真心实意的赞美。很多时候，要想办成事，获得别人的认同和帮助，你就应该让对方感受到你对他发自心底的尊敬与佩服。即使你很讨厌他，需要赞美的时候，你也要把他当成你的情人一样赞美。

所以，拥有"金口玉言"的人，很可能就因为一句赞美的话说得恰到好处，就为自己的人际关系和锦绣前程打下坚实的基础。

10 口齿伶俐，会救场是软气功

小职员需要领导罩着，大领导也需要职员帮衬。

那是甄嬛那一批新人进宫后阖宫第一次见面会上，各位新小主早就听闻华妃的显赫与高调，所以都恭维她，沈眉庄也企图讨好华妃，夸赞道："娘娘国色天香，才是真正的令人瞩目，嫔妾萤火之光，如何敢与娘娘明珠争辉？"谁知道新人一紧张，结果用错词儿了，"国色天香"四个字触痛了华妃的软肋，惹她不高兴，场面极其尴尬，这时候甄嬛出来救场，她接着说："皇后娘娘母仪天下如明月光辉，华妃娘娘国色天香似明珠璀璨。臣妾等望尘莫及。"顿时打破危局，气氛转好。

还有那一次，华妃约了后宫在清音阁看戏。名为看戏，实际上也是做局。在点戏的时候，后宫老大皇后和老二华妃在一出戏上掐起来了。

华妃抢在皇后娘娘前头，先是点了《鼎峙春秋》，后又点了《薛丁山征西》，皇后点了《劝善金科》，又点了一出《瑶台》。结果两人凭着戏文斗法。

华妃："说起薛丁山征西，倒不得不提这樊梨花了。你说这樊梨花，千方百计地讨夫君喜欢，可是她夫君只真心喜欢别人，休了樊梨花三次，本宫若是樊梨花，宁可下堂求去，总比眼睁睁看着夫君人在心不在的强。"

皇后："做得正妻就要有容人的雅量，夫君再宠爱妾室也好，正妻就是正妻，即便是薛丁山休了樊梨花三次，还不是要三请樊梨花吗？"

华妃："到底是那樊梨花有身家，出身西凉将门的嫡出女儿，若是换做庶出女儿，再没有这移山倒海的本事，那可真是死路一条了。您说是不是啊，娘娘？"（说完挑衅地看着皇后）

淳常在插了一句："姐姐，您这戏闹了半天只为做个梦，多没趣啊？"

甄嬛就势发挥："看戏不为有趣，更为警醒世人。眼看他高楼起，眼看他高楼塌，越是显赫就越容易登高跌重，人去楼空，谁还管嫡庶贵贱，谁还分钱财权势，不过是南柯一梦而已。"

皇后很是高兴，投桃报李地对甄嬛说道："同是看戏，莞贵人便多有心得，难怪皇上这么喜欢和你说话。"

甄嬛："臣妾不过是就事论事罢了。"

你看，甄嬛既为皇后解了围，又帮她出了气，难怪皇后夸她："莞贵人饱读诗书啊，连戏文也是信手拈来，既然就戏论戏，那就好好看戏吧。"

真正拼的是才艺啊，多学几门才艺，嘴皮子上多挂几把刷子，能为主子造势、解围，自然能讨好领导。

皇后娘娘因为出身不好，嘴皮子不够伶俐，经常被华妃刁难，在嘴巴上吃亏。可是甄嬛才艺好，嘴巴伶俐，很多时候都能帮到皇后忙，解除尴尬。

其实皇后是很看好甄嬛的，她太了解甄嬛的本事了，所以才害怕她，惧她，拼命打压她。如果你有甄嬛的伶俐和才艺，不让上司看到你的威胁，做会给领导解围的好员工，这对你的事业发展是很重要的。

慈禧太后爱看京戏，看到高兴时常会赏赐艺人一些东西。一次，她看完杨小楼的戏后，将他招到面前，指着满桌子的糕点说："这些都赐给你了，带回去吧。"

杨小楼赶紧叩头谢恩，可是他不想要糕点，于是壮着胆子说："叩谢老佛爷，这些尊贵之物，小民受用不起，请老佛爷……另外赏赐点……"

"你想要什么？"慈禧当时心情好，并没有发怒。

杨小楼马上叩头说道："老佛爷洪福齐天，不知可否赐一个'福'字给小民？"

慈禧听了，一时高兴，马上让太监捧来笔墨纸砚，举笔一挥，就写了一个"福"字。

站在一旁的小王爷看到了慈禧写的字，悄悄地说："福字是'示'字旁，不是'衣'字旁！"杨小楼一看心道，这字写错了！如果拿回去，必定会遭人嘲笑；可不拿也不行，慈禧一生气可能就要了自己的脑袋。要也不是，不要也不是，尴尬至极。慈禧此时也觉得挺不好意思，既不想让杨小楼拿走，又不好意思说不给。

这个时候，旁边的大太监李莲英灵机一动，笑呵呵地说："老佛爷的福气，比世上任何人都要多出一'点'啊！"杨小楼一听，脑筋立即转过来了，连忙叩头，说："老佛爷福多，这万人之上的福，奴才怎敢领呀！"

慈禧太后正为下不来台尴尬呢，听两个人这么一说，马上顺水推舟，说道："好吧，改天再赐你吧。"就这样，李莲英让二人都摆脱了尴尬。

当领导的人，一般都比常人爱面子，尤其是在下属面前。如果在公共场合遭遇尴尬，那是非常令人沮丧的事。这个时候，作为下属就要站出来，帮领导打个圆场，缓和一下尴尬气氛，领导也会对这样的下属心存感激的。相反，如果领导遭遇尴尬时，下属不仅不帮助领导解围，只想着自己脱干系，那么你在这个领导面前工作的时间可能也就不会太长了。

某食品公司因为产品质量问题引起了社会公众的投诉，电视台记者闻讯都到该公司采访。记者在公司门口遇到了经理助理，便向他询问情况。可是经理助理害怕自己承担责任，就对记者说："我们经理正在办公室，这个问题你们还是直接采访他比较好！"这下可好，记者们蜂拥般闯入了经理办公室，将经理团团围住。经理躲也躲不开，又没有心理准备，只好硬着头皮一个人应付记者们的狂轰滥炸。

事后，经理得知助理不仅没有提前向自己汇报，还将责任全部推给自己，非常生气，不久就将助理解雇了。

这个教训值得我们深思，记者因产品质量问题采访，这对于公司及公司领导来说本来就不是什么光彩的事。此时，领导最需要的就是下属能挺身而出，甘当马前卒，替自己演好"双簧戏"。而对于下属来说，此时不仅要面对记者讲明问题的原因，还要极力维护领导的面子和威信，而不应该将责任推到领导身上。事情做好后，领导自然心中有数，即使不会有明显的表示，也会在适当的时候给下属一定的好处。若下属因怕担责任或没有眼色，将领导弄得很尴尬，领导不发火才叫怪呢！

所以，奉劝那些经常需要"伴驾"的人，比如经常和领导一起出差的人，经常被领导叫去喝酒的人，经常和领导一起出行的人，一定要勤学苦练，多掌握几门才艺，以备不时之用。

11 对老板绝对不能有话直说

康禄海看到甄嬛得势，想回到旧主身边，磨磨叽叽不肯起来，甄嬛说："我喜欢有话直说的人。"

其实，职场上，像甄嬛这样的领导很少，几乎没有，大部分人都是像皇上一样虚荣，要面子，要尊重。他们和下属说话都喜欢掖着藏着，不会实话实说，同样也不喜欢员工对他有话直说。

有一次，美国劳工部长赵小兰在接受水均益的"高端访问"时曾谈到中西文化的差异：在美国，无论你跟什么人交谈，你随时可以打断对方，阐述自己的观点。如果你试图等别人停下来再讲，可能永远没有讲话的机会，因为对方以为你没有话要讲；而在我们中国，随便打断别人讲话是不礼貌的，尤其是打断长辈和上司讲话，更被视为大逆不道。也就是说，西方人彼此交谈时是非常直率的，我们彼此交谈时则有很多禁忌。

在我们的职场，如果你跟上司交谈时也率性而为，只顾着阐述自己的观点，而不管上司的感受，很容易就把上司得罪了，让上司记恨在心。城府深的上司当时并不表现出来，过后找个借口，就会让你"生不如死"。

不要随便打断上司的讲话

无论在正式的场合，还是非正式场合，随便打断上司的讲话，都会被好面子的上司认为你不尊重他。在职场同样如此。上司认为，他的身份地位高，在讲话时就应该具有优越性，而不应该被下属随便打断。你随便打断他，就是无视他的权威，就是不尊重他，就是不给他面子。

初入职场的新人，往往容易犯这个错误。"学生气"相对浓厚一些，熏陶得有较强的自我意识。初入职场，就忍不住冲动，好表现自己。当上司讲错话时，就挺身而出，打断上司的讲话，指出上司的错误，并洋洋自得地给予纠正。或者自己有更先进的观点和更好的创意，就迫不及待地打断上司的讲话，阐述自己的观点。小心眼儿的上司被你这一搅和，自然心中大为不悦，过后给你穿小鞋，也就在情理之中了。

王涛如履薄冰一般通过了一轮又一轮的考试，终于如愿进了一家著名的IT公司。按照公司规定，新员工要参加为期一周的培训，主要是了解公司文化、熟悉公司规章制度等。第一天，公司人力资源部总监亲自来授课，点名时一疏忽，将一个人的姓名念错了。这个人是王涛的同学，他的姓字比较生僻，经常被读错，不过他也习以为常了，所以含糊地应了一声。总监正想继续点名，王涛却笑着说："错了，错了！"总监愣住了。王涛纠正完毕，除了总监，在座的员工都忍不住笑了。

总监从此记住了王涛，当然是记恨王涛。分配职务时，别人都分到了比较重要的岗位，王涛却因总监"美言"了几句，被分配干公司的网络维护。这样无足轻重的岗位，干一辈子也不会干出什么成绩。王涛的专业跟软件开发相吻合，他也是奔着这样的岗位来的，于是去找老板，声明自己应聘的是软件开发岗位，要求调换岗位。

老板的答复是：对公司来讲，公司的每个岗位都是重要的。

王涛明白这是一个冠冕堂皇的借口，这时他才隐隐感到自己把人力资源部总监得罪了，都是人力资源部总监在背后搞的鬼。

不跟上司唱反调

与上司交谈时，尤其是在正式的场合谈论工作上的问题时，不要公开提出与上司不同的意见。因为这容易被上司看成公然挑战他的权威；更不要坚持己见，据理力争。唱反调已经引起上司的不悦了，再非要分出个谁是谁非，那无异于火上浇油、雪上加霜。

宁素是一家公司市场部的统计，因为毕业于一所著名大学的营销专业，所以好在公众场合炫耀自己的学识。一次，市场部总监召开营销人员会议，部署下一步的营销工作。宁素列席参加会议。总监让宁素参加会议的目的，是让他了解市场工作，没想到总监宣读完一份销售方案后，让大家发表意见，宁素却第一个站出来唱反调。宁素旁征博引，说得头头是道，让大家一下子看到了方案的不可执行性。其实，总监的意图是放弃那些业绩差没潜力的市场，因为经过几年的努力，在这些市场取得的成绩与投入的成本是不成正比的，而把主要精力投放到那些有潜力的市场。总监阐述完制订方案

的指导思想后，宁素又跟总监争论起来。最后，方案自然以总监拟定的为准。

除了宁素，别人都没提什么反对意见，只是说了一些表决心的话，如一定好好执行新方案，力争做出更大的业绩，等等。这更衬托出宁素的桀骜不驯。

没过几天，总监找宁素谈话，让他到一个业绩差的办事处工作。宁素曾私下管去那个地方工作叫"发配"，没想到自己要被"发配"了。况且，按照新方案，那个办事处很可能要撤销。为什么还要派自己去呢？宁素向总监说出了自己的困惑。

总监说："你有很强的营销能力，在统计岗位上根本发挥不出来，派你去，是让你改变那里的局面。相信你会取得好的业绩的。"

宁素又不情愿地找到老板，他没想到老板说的话跟总监对他说的话一模一样，显然他们早沟通好了。老板给高帽戴，宁素只好同意。

同事问宁素公司为什么派他去，宁素还炫耀说："让我去改变那里的局面。"同事心中暗笑，那只不过是老板的借口罢了，下一步办事处撤销，宁素恐怕也要跟着被裁掉了。

果然，不久办事处撤销，宁素也被裁掉了。

把握好说话的分寸

与上司交谈，无论聊天还是谈论工作，都要把握好分寸，不可无所顾忌、我行我素，这样才不会给上司抓住把柄，留下不好的印象。

你可以参照以下几点：

（1）不该说的别说

所谓不该说的，就是上司忌讳和感到不悦的，比如上司的隐私、疮疤和一切能让他感到有失脸面的事。特别是跟上司聊天开玩笑的时候，更要注意。

（2）轮不到你就别说

韩非子曾说过，部属不能随便向上司进言，进言要慎重，否则会很危险。如刚入职，还没得到上司的信任时，如果竭力显示自己的才能，谋划成功也不会受赏，如果谋划失败反而会受到怀疑。如果你还没得到上司的信任，即使你的意见是正确的，上司也未必会采纳。相同的意见，由上司信任的人提出，上司就认为是正确的，并欣然接受。所以，在得到上司信任之前，最好不要随意向上司进言，因为你说了也白说，还可能引起上司的反感。

（3）说时要婉转迂回

所谓婉转迂回，就是不直截了当地讲出你要说的话，先说别的话题，再慢慢地进入正题，让上司感到你真正要说的话是为他好，当然，更重要的是保全上司的面子。这样你的所思所言才会被上司认可并采纳。

第七章

且听风吟，
唯愿内心清风朗月

——《甄嬛传》里的
心灵修养术

1 要有随时吸收正能量的地方

日子再难过，职场再难混，境遇再悲催，只要有能随时吸收正能量的地方，生活就能充满阳光。这是我从《甄嬛传》里提炼出来的第一条修心大法。

要说甄嬛活得也挺不容易的，你我都是忙着生活，她一天到晚为生存而算计，所以比咱们低一个档次呢。她要想活，就一定要算计，会用计，从用计自保到用计复仇，所以，她脑细胞不比你少费，也是劳碌命，冤假错案也没少摊身上，可她怎么就没过劳没抑郁没自杀没出现精神问题？你以为全靠温实初那一罐子又一罐子的汤药，还有御膳房一道又一道的御膳？错了。甄嬛之所以精神没出问题，是因为在整个过程中，她都有吸收正能量的地方，一直暗恋她的温实初哥哥、对她一见钟情的果郡王先生、发小加闺蜜沈眉庄小姐、贴身丫头流朱和浣碧，还有她亲妈亲爸亲妹妹等等，这些人是她的天她的地她的希望，是供养她生长的阳光雨露，所以，她的心永远不冷。

被禁足的日子里，眉姐姐递给她一张字条，上面写着："心不禁，得自在。"甄嬛一下子振作起来了。

被"下放"到蓬莱州的时候，也是眉姐姐给她捎去棉衣。她一下子温暖极了。

最大最深邃的正能量来自崔槿汐，她不仅能及时给她支招，还能给她宽心。当得知安陵容给予的舒痕胶里含有大量麝香时，甄嬛很是伤心，槿汐发挥了心理咨询师的伟大作用。且看她是怎样给小主医心的。

槿汐："小主可是痛心了与安小主的姐妹情谊？"

甄嬛："如今看来，她与我，可还当得起姐妹情深这句话？"

槿汐："小主与惠贵人的姐妹情谊实属难得，可是不能要求人人都能做到如此。"

甄嬛："我实在不明白，她为何要这样对我？"

槿汐："小主无须明白，就算是有一天真的知晓了，那也必是极丑恶不堪的真相，小主对安小主是好，可是有些人不是你对他好他便是对你好的。"

甄嬛到此才开了窍，赞同槿汐的说法："你说得不错，好与坏，都是自身的利益而已。"而后感激地握着槿汐的手说："槿汐，你总能及时叫我明白。"

即便被流放到甘露寺里，也有莫言姑子护着她，给她红糖，为她仗义执言，两肋插刀。

而流朱姑娘为了给她治病，连含糊都没打就抛头颅洒热血了。

……

至于温实初和果郡王，那就更不用说了。正是因为有了这些正能量的存在，甄嬛的身子总是暖的，心总是热的。所以，她才不会得抑郁症。

所以，甄嬛的人生，是正能量的人生。看了《甄嬛传》，我更坚信：金钱不可贵，地位不可贵，生命不可贵，心底的正能量最可贵，要有随时可以吸收正能量的地方。这个地方，可以是人，也可以是物，而且，这个人可以是你自己，也可以是外人。反正，就是要有那么一种可以排遣忧虑、吸收温暖、整修心灵、沐浴阳光的途径。你得有这么一种途径，才能活下去。否则，生命里全是苦涩和阴暗，这日子还真没法过。

同样在人海漂浮职场打拼的你我，如何拥有正能量人生呢？

1. 要想着美好的东西，相信美好

要相信亲情、爱情、友情这些美好的东西，要相信世上还是好人多，无论被伤过多少次，被骗过多少回，你还是要相信世界是美好的。否则，你怀疑一切，对谁都信不过，看啥都觉得无所谓，那你活着肯定是无趣的。

2. 要心心念念追求美好

这个世界还是求仁得仁的世界，你期望什么，你就会得到什么。记得很多年前，有一本励志书《秘密》流行一时，号称是揭示了千百年来人类获取成功与幸福的捷径。哪知道，铺陈了半天，厚厚数百页的书，一个多小时的 DVD，只用一句话就足以概括，世界是意识的集合。你可以成为想象中的自己，可以变得健康、快乐、富有、成功。

你不够富有吗？是你不够渴望财富。你没有成家吗？是你不够期待婚姻。如果你足够想要一样东西，你就会为之倾尽所有地追求，世界就能感受到你发出的期待的信息，而你散发出的正能量也会吸引你想要的一切，令你梦想成真。

3. 注意维护你自身的正能量

没有一个人的人生会是一帆风顺的，困难与挫折往往避免不了，也逃避不掉。沉浸在过去的失败和不如意，不如自我救赎。越是心情不好，越要用阳光的心态对自己进行积极的提示，每天给自己加加油，打打气，告诉自己：珍惜眼前，我现在状态很好！那么，这一天你会对自己自信，也会对工作充满信心，你的一天也会完美落幕。

4. 不要和负能量的人交朋友

蔡康永在接受记者采访，对小 S 进行评价时说："小 S 是个很好玩的人，她个性本身就是很乐天，很有活力，这个朋友让我觉得活着是一件很值得、很舒服、很有趣的事。有的人会让我觉得活着很没劲，碰到他会把我的能量都吸走。"

每个人身上都是带有能量的，健康、积极、乐观的人带有正能量，和这样的人交往能将正能量传递给你，令你感染到那种快乐向上的感觉，让你觉得"活着是一件很值得、很舒服、很有趣的事情"。悲观、怯弱、绝望的人刚好相反。

总之，我们做人，要做一个正能量的人，快乐的人，让接触你的人也跟着你快乐。我们交友，要多交正能量的朋友，尽量少接触负能量的人。找到你身边的正能量，珍惜你身边的正能量，保护你身边的正能量，彼此之间做正能量的交互传递，才能实现你好我好大家好的"合宫欢"局面。

2 要善良，善根儿就是福根儿

为什么那么多人对甄嬛好？首先是因为她对别人好。为什么甄嬛会得好报？是因为她是个好人。

甄嬛是个善良的人，她心存仁厚，善待老人，比如对果郡王的母亲太妃，很是尽孝道；她善待孩子，比如四阿哥，她视同己出；她善待爱人，把皇上当四郎，当夫君一样敬重。即便是最后她心变硬了，也绝不阴险凶狠，在保护自己的幅度内尽可能地不伤害他人或者少伤害他人。

即使对背叛她的人，伤害她的人，她也不会赶尽杀绝，而是以悲悯之心待之，得饶人处且饶人。就比如那个余氏，她利用甄嬛的智慧上位，钻了空子，甄嬛没理她。她口出狂言欺凌甄嬛，连丫鬟流朱都受不了了，甄嬛还是没有和她一般见识，反而对她的谩骂表示极大的理解和宽恕。你听她和流朱姑娘的对话。

流朱："对了，那个余氏实在是过分，听说她迁出钟翠宫之后，就整日对小主多加咒怨呢。"

甄嬛："随她去，我行事向来问心无愧，想来诅咒也不会灵验。"

流朱："只是，她骂得实在难听，要不，奴婢去禀报皇后，让皇后做主。"

甄嬛："不必对这种人费事，得饶人处且饶人，她失宠难免心有不平，过段时间就好了。"

流朱："小主也太心存仁厚了。"

当然，甄嬛的善良却没有感动余氏，但从长远来看，她的善良还是保佑她安好，给她带来幸福和成功。小允子、槿汐、苏培盛都是因为她的善良而感动，忠心耿耿。

相比甄嬛的善良，安陵容恶毒多了，她是后宫第二号"毒蝎"，头号"毒蝎"是皇后。为了达到自己的目的，除了亲爹亲娘她不出卖，其他人她都敢下手。

关于善良与恶毒的较量，安陵容临死前和甄嬛有过探讨。

安陵容为自己的罪行开脱，不说是自己的错，都是外因的错，她解释说：

"入宫后，华妃那样凶悍，皇后城府又深，连宫女都敢欺负我。我很怕，我每晚都做梦，梦见我变成跟我娘一样，瞎了眼睛，受人欺凌，生不如死。"

甄嬛："谁都知道宫里的日子难过，可是再难过，再要步步为营，也不该伤害身边的人，特别是一直把你当作亲姐妹的人。"

甄嬛："你若不完全昧了良心，你回头自己想想，你害过多少人。"

安陵容："我才不要回头，宫里的夜，那么冷，那么长，每一秒都怎么熬过来的，我都不敢想。"

甄嬛："再冷，也不该拿别人的血来暖自己。"

是的，人在江湖漂，谁能不挨刀，难道每个人挨了刀后都歇斯底里地拿身边人乱砍，那这人间不早就血流成河了？自己受过伤害不能成为日后伤害别人的理由。

有一位哲人曾说：人生的每一次付出，就像在空谷当中的喊话，你没有必要期望要谁听到，但那绵长悠远的回音，就是生活对你的最好回报。

甄嬛也说过这样的话，甄嬛在长街被齐妃责罚时，翠果就表现出了善良，甄嬛也说了："你会为你的善良得到好报的。"

其实，善待他人，就是善待自己。善有善报恶有恶报，这是一定的。这是很常见的生活哲理，只是你的心过于浮躁，疏于总结而已。

在一个茫茫沙漠的两边，有两个村庄。从一个村庄到另一个村庄，如果绕过沙漠走，至少需要马不停蹄地走上二十多天；如果横穿沙漠，那么只需要三天就能抵达。但横穿沙漠实在太危险了，许多人试图横穿沙漠，结果无一生还。

有一天，一位智者经过这里，让村里人找来了几万株胡杨树苗，从这个村庄一直栽到了沙漠那端的村庄。智者告诉大家说："如果这些胡杨有幸成活了，你们可以沿着胡杨树来来往往；如果没有成活，那么每一个走路的人经过时，要将枯树苗拔一拔，插一插，以免被流沙给淹没了。"

果然，这些胡杨苗栽进沙漠后，很快就全部被烈日烤死了，成了路标。沿着"路标"，这条路大家平平安安地走了几十年。

有一年夏天，村里来了一个僧人，他坚持要一个人到对面的村庄去化缘。

大家告诉他说："你经过沙漠之路的时候，遇到要倒的'路标'一定要向下再插深些；遇到要被淹没的'路标'，一定要将它向上拔一拔。"

僧人点头答应了，然后就带了一皮袋的水和一些干粮上路了。他走啊走，走得两腿酸累，浑身乏力，一双草鞋很快就被磨穿了，但眼前依旧是茫茫黄沙。遇到一些就要被沙尘彻底淹没的"路标"，这个僧人想："反正我就走这一次，淹没就淹没吧。"他没有伸出手去将这些"路标"向上拔一拔。遇到一些被风暴卷得摇摇欲倒的"路标"，这个僧人也没有伸出手去将这些"路标"向下插一插。

但就在僧人走到沙漠深处时，寂静的沙漠突然飞沙走石，有些"路标"被淹没在厚厚的流沙里，有些"路标"被风暴卷走了，没有了踪影。

这个僧人像没头的苍蝇似的东奔西走，却怎么也走不出这个大沙漠。在气息奄奄的那一刻，僧人十分懊悔：如果自己能按照大家吩咐的那样做，那么即便没有了进路，还可以拥有一条平平安安的退路啊！

是的，给别人留路，其实就是给我们自己留路。善待他人，关爱他人，实际上就是善待自己，关爱自己。

与之类似的故事还有一个：在一场激烈的战斗中，上尉忽然发现一架敌机向阵地俯冲下来。照常理，发现敌机俯冲时要毫不犹豫地卧倒。可上尉并没有立刻卧倒，他发现离他四五米远处有一个小战士还站在那儿。他顾不上多想，一个鱼跃飞身将小战士紧紧地压在了身下，此时一声巨响，飞溅起来的泥土纷纷落在他们的身上。上尉拍拍身上的尘土，抬头一看，顿时惊呆了：刚才自己所处的那个位置被炸了两个大坑。

故事中的小战士是幸运的，但更加幸运的是故事中的上尉，因为他在帮助别人的同时也帮助了自己！在我们的人生大道上，请记住，你的每一次善行，都是在为自己投资。在前进的路上，搬开别人脚下的绊脚石，有时恰恰是为自己铺路。

3 感谢折磨你的人

感谢折磨你的人，所有的挫折和捉弄，都是你成功的历练场。

甄嬛就是这样感谢皇后的。

变身太后之后，她去找皇后唠嗑，皇后气得歇斯底里，甄嬛却感谢道："没有你，何来今日的甄嬛。哀家能有今日，全靠皇后您一手指点历练，自然感恩戴德，尽力保全您此生荣华。"

没有皇后，何来今日之甄嬛？这是一句大实话！皇后为使自己坐收渔翁之利，利用每一个人与每一次机会，一次次在后宫掀起暗波。而甄嬛凭着生存的欲望，无数次从浪底拼命抗争，把自己从一个不谙世事的单纯少女，历练成一个善于谋权的深宫妇人，成为最后的赢家。皇后的阴谋计划，却成了甄嬛的历练场！甄嬛的成长，让我记起了一位圣人的话：让你成长的是你的敌人！英国王尔德也说过这样一句话："世上只有一件事比遭人折磨还要糟糕，那就是从来不曾被人折磨过。"人生在世，道路不可能一路平坦，总要经受很多折磨，遭受很多苦难。其实换一种眼光看待生活，经受折磨和遭受苦难对人生的作用并不是消极的，反而是一种促进人走向成熟的积极因素。

一位动物学家对生活在非洲大草原奥兰治和河两岸的羚羊群进行研究。他发现，东岸羚羊的繁殖能力比西岸的强，奔跑速度每一分钟要比西岸的快13米，身体素质也比西岸的好。

对于这些差别，动物学家百思不得其解，因为这些羚羊的生存环境和属类是一样的。

有一年，他在动物保护协会的帮助下，在东西两岸各捉了10只羚羊，把他们送到对岸。结果，一年不到运到东岸的10只羚羊只剩下3只了，另外7只全被狼吃掉了。

这位动物学家终于明白了，东岸的羚羊所以强健，是因为它们附近生活着一个狼群，西岸的羚羊所以弱小，正是因为缺少这么一群天敌，使东岸羚羊矫健强壮的竟是它们的敌人！

世间的事物竟是如此奇妙有趣！草原上的羊群因狼的存在而不断繁衍壮大，没有天敌的动物往往最先灭绝，腹背受敌的则繁衍至今。大自然中的这一理论，在人类社会也被验证得非常惊人。罗马帝国因没有了强大的对手而分崩离析，东方的强秦，建立不久就迅速覆灭，不能不说也有类似原因。

人的成长和进步亦是如此，君不见，造物主从不让处处一帆风顺、事事顺心如意的人成为栋梁，从不让没有困难、没有厄运的人成为伟人。回顾你走过的路，你会惊奇地发现，真正促使你成功的不是顺境和优裕，真正让你坚持到底的不是朋友和亲人，真正激励你，让你昂首阔步的不是金钱和荣誉，而是那些常常置你于死地的打击、挫折或死神。

所以，一个人总是顺风顺水并不是好事，敌人能激发你的生命冲动，敌人能使你沉闷死寂的生活荡出盈盈清波。因为你的进步和成熟是在与敌人的较量中逐步积累的，没有敌人就没有人生的超越，没有敌人你的生命就会走向怠惰和没落。你应当感谢你的敌人，是他们在激励你，使你一次又一次重生。

感激伤害你的人，因为他磨炼了你的心智；感激欺骗你的人，因为他增进了你的智慧，感激中伤你的人，因为他砥砺了你的人格；感激鞭打你的人，因为他激发了你的斗志；感激遗弃你的人，因为他教导了你的独立；感激绊倒你的人，因为他强化了你的双腿；感激斥责你的人，因为他提醒了你的缺点，感激所有使你坚强的人。

如果你的生活里没有挑战，如果你身边没有对手，那就赶紧寻找你生活中的"皇后"吧，有了他们，你的生命之树才能枝繁叶茂、茁壮成长。

4 尊重他人，即是对自己最好的保护

人活着，要想心安，就要做一个自重且尊重他人的人。

人与人之间的善恶都是相互的，你尊重他人，未必会换来别人的敬重；但你若不尊重他人，一定会换来别人对你的践踏。即使对方是个小人物。余氏被皇上责罚，关禁闭，她能说上话的也只有送她过去的小太监了，为了巴结这个小人物给她在皇上面前说说好话，她不惜脱下自己的玉镯子贿赂，谁知人家太监志气挺高，拒绝了她的贿赂，还噎了她一句："小主抬举了，小主您不是最瞧不起这些阉人？咱们哪配侍候您呐？"于是甩甩袖子走开了。

轻贱别人，就是轻贱自己，这样的道理，皇后也知道，她在得知华妃召安陵容和甄嬛当乐伎取乐，很是看不惯，她说："华妃是骄纵过头了，肆意轻贱别人，最终也只会为人所轻贱。"华妃是最不尊重别人的人了，仗着自己出身好，看谁都是奴才，任意践踏，不顾及人家的颜面和尊严，曹贵人对她那么尽心尽力，她还不是想揍就揍想骂就骂嘛。当然，也应验了皇后的预言，她肆意轻贱被人，到最后，还不是反过来被曹贵人轻贱了？

在尊重他人方面，甄嬛是做得最好的一个，她尊重身边的每一个人，包括太监，从不出言不逊，像"贱人""没根儿的东西"这样恶毒的话从来没听甄嬛说过，无论对上对下，她都是彬彬有礼，礼貌客气。比如她去慎刑司看望槿汐，面对领班的姑姑，也是礼貌有加："姑姑看看方不方便，让本宫和她说几句。"你看人家这客气，换了谁不给她网开一面啊？

甄嬛的修为和林志玲有一拼。娱乐圈里，女明星很多，但女神却只有一个，她就是林志玲。无论圈内圈外，林志玲的口碑都极好。女神之所以是女神，是自己赢来的，很多不服她的人但凡和她近距离接触，都夸她是最好的女子。就以一个极小的事例说明吧，就她这么大个明星，上电梯的

时候，她会彬彬有礼地请其他人都上去后，她才上，从来都不会像我们这些平民一样争先恐后地挤。她尊重别人，别人也尊重她。

其实，尊重的价值不仅仅局限于素养提升、赢得好口碑上面，它还是最见效的自我保护方式。当你遇到坏人，记住，最好的自卫不是攻击，而是尊重，因为，人都怕敬着，包括乱臣贼子。

古时，蔡州褒信县有一个道人，他的棋艺精湛。每逢与人对弈，他总是让别人先下，即使这样，他也从来没输过。道士自鸣得意，做诗云："烂柯真诀妙通神，一局曾经几度春。自出洞来无敌手，得饶人处且饶人。"当时，"饶人"本指让人一步棋，发展到如今，"得饶人处且饶人"已成为表示尽量对人宽容尊重的一句话。与人一份宽容，就是与己一份仁慈。这份仁慈，放在乱臣贼子身上，也同样见效。

以下是两个真实的故事，情节和场景一样，就因为尊重的差别，一个丧命，一个获救。

故事一：

下午，某居民小区，某户人家，家里只有一个老太太，有盗贼入室抢劫，先把老太太五花大绑在椅子上，然后行窃。老太太看着他收拾金银财物，一言不发。等盗贼收拾完了，老太太慢悠悠地说："我这把年纪了，钱财都是身外之物，你尽管拿去。我知道你也是不得已而为之，或许你家里有孩子急需钱上学，或许有亲人得病需要钱治疗。哎，这人活着啊，都不容易。你赶紧走吧，另外，干你这行的，心脏往往不好，请你保护好自己的心脏。"

这盗贼虽然蒙着面，但听老人家一番话，眼圈都红了，心想，活了这些年，父母都没这么理解过自己，老婆都没这么心疼过自己。一感动，把东西都放下，空手离开了。

故事二：

某老太太自己在家，家里来了盗贼，入室抢劫，尽管盗贼上去就把她的嘴巴堵住了，也把她绑上了，她还是不停地挣扎。盗贼把该拿的都拿了，正要离开，这时候，老太太把堵嘴的东西弄开了，她开始大骂，恶毒地诅咒，诅咒盗贼祖坟被挖，儿子被杀，出门被车撞死等等。其中一个盗贼都走出门了，返回来拿刀把她活活捅死。

很多时候，辱骂和暴力并不能保护自己，而善意的尊重却能解救自己。

一次，一辆卡车途经某村庄时，一个中年农妇突然小跑着横穿马路，大卡车来了个急刹车，差点撞上农妇。这让农妇火冒三丈，冲到驾驶室前对司机破口大骂。

司机也没说话，他只是点燃一支烟，慢慢地吸着，听农妇从"村骂"到"县骂"一直上升到"国骂"。等农妇骂累了，司机才慢慢地说："如果我刚才刹车晚了，你被轧死了，这会儿你还能骂吗？"农妇一时语塞。无话可说。

所以，在日常生活中，一定要做到得饶人处且饶人，留一点余地给得罪你的人，给对方一个台阶下。山不转水转，你今天得理不饶人，怎知以后两人不狭路相逢？若那时他势旺你势弱，吃亏的可能就只有你了。所以，"得理且饶人"，你为别人留后路的同时，也为自己铺就了一条通向和谐人际关系的阳光大道。

5 意志力比拼爹更神奇

爱默生说过："伟大高贵的人物最明显的标志就是他坚定的意志。无论环境变化到何种地步，他的初衷与希望都不会有丝毫的改变，最终能克服障碍，达到他所企望的目的。"

这么说，后宫里确实有不少伟人。

在后宫这个政治舞台上，没孩子可以拼家世，没人品可以玩政治，没姿色可以买迷药，没能力可以混资历，但唯独没有意志品质最致命。没有强大的内心，受不了一时的冷落，忍不了万千的寂寞，一个起落下来就摔死了，其实手里还有半副牌没打呢。像甄嬛、皇后这些狠角，正是靠着钢铁一般的意志力，以战代练，起起落落只等闲，终有机会打光手里所有的牌，充分享受了跌宕刺激的人生蹦极，等来最终的胜利。

人的身体无非是意志力的奴婢。一个人要想成功，要具备非凡的意志力，意志力的强弱是成功与失败的分水岭。

　　一位著名的推销大师在即将告别他的推销生涯之际受邀做了一场告别职业生涯的演说。

　　那天，会场座无虚席，人们热切焦急地等待着那位当代最伟大的推销员做精彩的演讲。当大幕徐徐拉开，人们发现舞台的正中央却吊着一个巨大的铁球。为了这个铁球，台上搭起了高大的铁架。

　　这时一位老者在人们热烈的掌声中走了出来，站在铁架的一边。人们惊奇地望着他，不知道他要做出什么举动。

　　这时，两位工作人员抬着一个大铁锤，放在老者的面前。老者请两位身体强壮的人，到台上来。

　　老人请他们用这个大铁锤，去敲打那个吊着的铁球，直到铁球荡起来。一个年轻人拿起铁锤，拉开架势，抢起大锤，使尽全力向铁球砸去，发出一声震耳的响声，那铁球纹丝不动。他接着用大铁锤接二连三地砸向铁球，很快他就气喘吁吁。另一个人也不示弱，接过大铁锤把铁球打得叮当响，可是铁球仍旧一动不动。台下逐渐没了呐喊声，观众好像认定那是没用的，就等着老人做出解释。

　　等会场恢复平静后，老人从上衣口袋里掏出一个小铁锤，然后认真地面对着那个巨大的铁球敲打起来。

　　他用小锤对着铁球敲一下，然后停顿一下，再敲一下。人们奇怪地看着，老人就那样持续地做着。

　　十分钟过去了，二十分钟过去了，会场早已开始骚动，人们用各种声音和动作发泄着他们的不满。老人不紧不慢地敲着，似乎根本没有听见人们在喊叫什么。一些人开始愤然离去，留下来的人们好像也喊累了，会场渐渐地安静了下来。

　　就在老人敲打了大约四十分钟的时候，坐在前面的一个妇女突然尖叫一声："铁球动了！"刹那间会场鸦雀无声，人们聚精会神地看着那个铁球。铁球以很小的幅度动了起来，不仔细看很难察觉。老人仍旧一小锤一小锤地敲着，铁球在老人一锤一锤的敲打中越荡越高，终于场上爆发出一阵阵

热烈的掌声，在掌声中老人转过身来，慢慢地把那把小锤揣进兜里。

老人开口讲话了，他只说了一句话："在成功的道路上，你如果没有意志坚持下去，等待成功的到来，那么，你只好用一生的耐心去面对失败。"

如何修炼意志力？还是要向甄嬛看齐。

1. 自信，不自轻

圆明园中，甄嬛闲庭信步，邂逅四阿哥，四阿哥生母身份低微，又早逝，所以四阿哥很自卑。可是这个鬼灵精怪的小男孩眼睛贼亮，敞开心扉向菀娘娘诉说苦闷。

四阿哥："五阿哥有他的额娘，我没有。我额娘身份低微，被人瞧不起。"

甄嬛："人贵自重。我虽不知你额娘出身是否卑微，但父母爱子之心人人皆是，别人如何轻贱你都不要紧，重要的是你自己别轻贱了自己，来日别人自然不敢轻贱你分毫。"

是啊，做人，首先要自己相信自己，自信的人才能底气足，底气足才能充分展示自己的才华。

2. 自强，能忍辱

有自信的信仰，还要有自强的定力。想当初沈眉庄因为假孕事件失势，甄嬛也跟着受牵连，内务府送来的花儿都是残花败柳的，光秃秃的石榴花，连流朱都看不下去，意图把它搬走省得主子看见心烦，甄嬛一不抱怨，二不自怜，而是吩咐流朱：

"你明早天不亮就把那石榴花放到最显眼的地方去，也好提醒我不忘今日处境。"

后来，甄嬛因为穿错衣事件而被囚禁，她几次晕倒，心如死灰，大家都为她捏着一把汗。可她告诉温太医："你放心，本宫到任何时候，都不会自轻自贱。大人与本宫相识多年，何曾见过本宫自轻自贱。"

当然，自强也要走正道，像安陵容那样无恶不作就坏了。安陵容坏了嗓子，想重新投靠甄嬛，甄嬛拒绝了她，还提示她说："自强当然好，只是别用错心机，枉顾性命就好。人心不足机关算尽，往往过分自强便成了自戕。"

3. 自重，能吃苦

槿汐因为"对食"而被敬妃告发，关进慎刑司，甄嬛多方营救，亲去慎刑司。小允子劝阻她：

"慎刑司那地方闷热异常，娘娘怀着身孕，怎么能去那儿呢，还是避忌着点好。"

甄嬛："本宫连冷宫都出入这么多回了，区区一个慎刑司怕什么。"

小允子："娘娘怀着身孕本就辛苦，即使不会为自己打算，也要替小阿哥挡一挡慎刑司的煞气啊。"

甄嬛："若这点闷热都受不住，怎么做本宫的孩儿？去就是了。"

如此能忍辱，能吃苦，自强不息的人，不能成龙成凤，那才不符合天理呢。

无论是古代还是当今，只有意志坚强的人才能战胜一切困难，取得成功。意志是根，有根你才能长高，即便叶有荣枯，根在运就在，魂不会散。对于职场众生来说，意志力同样是升职的基石，毕竟百分之八十的成功不是来自于技巧，而是来自五次以上的努力。记住，如果你没像样的爹拿出来拼，一定要有粗壮的神经，坚定的意志，有了这样的资本，即便命运像后娘，世道像牙医，生命线像战线，你一样有上位的机会。

6 心静则明，唯愿内心澄澈明净

在这个浮躁的社会，人人都在渴望心静。

何为心静？

"真正的安静，来自于内心。一颗躁动的心，无论幽居于深山，还是隐没于古刹，都无法安静下来。你的心最好不是招摇的枝柯，而是静默的根系，深藏在地下，不为尘世的一切所蛊惑，只追求自身的简单和丰富。"

这样的安静，甄嬛有。她一直是个心静的人，入宫前，她心清如水，只想找个有感觉的男人，生一群孩子，过一辈子。温实初追了她那么久，都没能让她乱了心，这是温实初的失败，却是甄嬛的胜利。

入宫后，无论后宫的争斗如何血腥，她追求的依然是内心的澄澈明净。她衣衫素淡，步履轻盈，如娇花照水般娴静，这一份求静之心，打动了皇上，也打动了太后。

"朕那日在御花园初次见你，你独自站在杏花影里，那种淡然悠远的样子，仿佛这宫里的种种纷扰人事，都与你无干，只你一人遗世独立。"

皇上这一番真情大告白后，甄嬛也为之动容，泪眼婆娑地说："臣妾没有那么好，宫中不乏才貌双全之人，臣妾远远不及。"

她心静，不争宠，皇上只会对她爱意更浓："何必跟她们比呢，甄嬛即是甄嬛，你这样就是最好。"

太后和甄嬛投缘，也是始于心静。话说因为腊八那天的表现极好，加上皇后娘娘的美言，皇太后邀请甄嬛到她的寿康宫抄写经文。

太后："日日让你来抄经，你自己得空的工夫倒是少了。"

甄嬛："能为太后抄经，是臣妾的福气。"

太后："雪下得这么大，树枝都压断了。你这孩子心倒静，哀家瞧你也很少讲话。"

甄嬛："原本心不静，到了太后这里抄写佛经，心就慢慢静下来了，可见安神宁心，佛祖箴言是最好不过了。"

甄嬛："太后也喜欢檀香吗？"

太后："礼佛之人多用檀香，后宫少用此香，怎么你倒识得？"

甄嬛："臣妾有时点来静静心，到比安歇香好。"

太后："没错，人生难免不如意时，你懂得排遣就好。"

是的，心静是福。佛经上说："浮生如劫，欲念如魔。"如果能在喧嚣纷杂的红尘之中保持素心若莲，在形形色色的名利诱惑之中，荡涤心中如焚欲焰，那么，你的心将是一片开阔浩渺的水域，心中的躁动和妄念只会像一些落叶或石子，投入其中，不会激起多大的波澜。你可以堂堂正正安之若素地活着，这可谓是人生的一大福分。

心静还是一种智慧，一种力量。俗话说，心静则明，只有心静的人，才能辨明方向，才能凝神屏息，精耕细作，臻于完美。

瑞士钟表至今仍是世界上最精准的钟表。它的开创者与奠基人塔布克，原是法国的一名天主教徒，之后流亡到瑞士，成为一位钟表匠。据说在自己的作坊里，他制造的钟表日误差低于百分之一秒。后来，他被捕入狱，被安排制作钟表。在失去自由的地方，他发现无论狱方采取什么高压手段，他都制造不出日误差低于十分之一秒的钟表。他最终找到了原因，真正影响准确度的不是环境，而是制作钟表时的心情。制表人在不满和愤懑中，要想完成二百五十四个精密零件的磨锉和一千二百道工序，根本是不可能的。唯有营造宁静的心灵，才能寻得成功的真谛。

又如金字塔，工程无比浩大。历史上记载，金字塔是由三十万奴隶所建立的。而塔布克在 1560 年游历金字塔后得出结论，它们是由一群欢快的自由人建造的。理由是他基于对制造钟表的认识。金字塔被建造得那么精细，各个环节被衔接得那么天衣无缝。难以想象，一批有怠工行为和对抗心理的人，能让金字塔的巨石之间连一个刀片都插不进去！ 2003 年，埃及最高文物委员会通过对吉萨附近六百处墓葬的发掘考证后认为，金字塔是由当地具有自由身份的农民和手工业者建造的。

这证明，一个人唯有在心静的情况下，心无旁骛、脑无杂念，沉浸于忘情、忘我的境界，一心专注于手中的事情，这才会有奇迹的发生。人类历史上每一重大发明创造与科学发现，都无不证明了当事者其时的情境——心静。

然而当步履匆匆取代了闲庭信步，当车水马龙取代了小楫轻舟，多少人为了追寻成功而迷失于纸醉金迷的霓虹？余秋雨说过："堂皇转眼凋零，喧腾是短命的别名。"现代的生活节奏很快，每个人都为自己的理想而疲于奔命。人们就像是被上了发条的机器，一刻也不敢停歇。内心本应宁静的后花园早已荒芜。少了细心，多了毛躁；少了耐心，多了狂暴。终日忙忙碌碌，殊不知自己一生都将碌碌无为，不知不觉间离成功越来越远。不懂得心静，何以成功？

7 境由心造，快乐的遥控器在自己手里

熹贵妃被封为贵妃后，原本大权在握，突然因为瑛贵人和三阿哥的事件惹皇上怀疑，剥夺主管六宫大权，门庭冷落。敬妃前往探视，说：

"妹妹这里真安静啊，连落花的声音都听得见。难得妹妹的宫里，也有这么安静的时候。"

熹贵妃："宫里的人不会专宠一辈子的，想明白了便也不怕了，失宠，你若觉得煎熬，那这日子过得也煎熬。你若坦然，这日子过得也坦然，一切无关其他，只在于自己的心境。"

这让我想起了六世达赖喇嘛仓央嘉措的诗集《问佛》中的句子："物随心转，境由心造，烦恼由心生。"看来，甄嬛佛性真是不浅哪。所以我觉得，看《甄嬛传》比看什么心灵鸡汤之类的书有用多了，甄嬛她才是真正的身心灵修炼大师呢。

其实快乐不快乐，真的不在乎境遇如何，权势如何，钱财几何，全在乎你如何认定，如何感受。你觉得苦，陷于苦，那就是苦，你觉得乐，自娱自乐，那就是乐。苦乐全凭自己判断，和客观环境并没有直接关系。你难道没见过吗，即使是同样的境遇，不同的人，其心灵体验是不同的，有人觉得极苦，有人觉得巨乐。

我朋友的姐姐是个大龄剩女，她在一家意式餐厅当服务员，每到春节期间，都是她们最忙的时候，很多人都害怕被留下加班，无法回家过年。而她都是争先恐后地抢着留下来，她说，留下来加班多好哇，一能免去春运之苦，二能避免爸妈催嫁的唠叨，三还能多挣些银子及早给自己买套房子。所以，过年加班那几天，当全中国的加班族都叫苦不迭的时候，她乐得宛如中了大奖一样，极其兴奋地打电话给我汇报："亲，我这几天忙得走路都像飞起来一样，比平时多好几倍的工资啊。"我就势问她："你如何看待这几天的忙？"她滔滔不绝地讲起来，说的全是振奋不已的话："忙

是好事啊，这说明我们生意好，我们生意好老板就能发财，老板发财我们就有涨工资的希望。"说实话，这是我那年春节听到的唯一正能量的话，这些话出自一个餐厅端盘子的女服务员之口。我觉得她就是我的"甄嬛"，她就是我的"郭德纲"。她的话让我想起了一个关于快乐的传说。

传说终南山麓一带出产一种快乐藤，凡是得到这种藤的人，会不知道烦恼为何物。曾经有一个人，为了得到无尽的快乐，不惜跋千山涉万水，去寻找这种藤。他历尽千辛万苦，终于来到了终南山麓，在险峻的山崖上，他找到了快乐藤。可是他虽然得到了这种藤，却发现自己并没有得到预想中的快乐，反而感到一种空虚和失落。这天晚上，他在山下一位老人的屋中借宿，面对皎洁的月光，他发出一声长长的叹息。

老人闻声而至，问道："年轻人，是什么让你这样叹息呀？"

于是，他说出了心中的疑虑："为什么已经得到快乐藤的自己，却没有得到快乐呢？"

老人说："其实，快乐藤并非终南山才有，而是人人心中都有。只要你有快乐的根，无论走到天涯海角，都能得到快乐。"

老人的话让这个年轻人觉得耳目一新，就又问："什么是快乐的根呢？"

老人的回答是："心就是快乐的根。"

每个人都渴望快乐，却不晓得快乐不在别处，就在你的心中；幸福不是别人给的，是你自己的。幸福的人生，存在于一颗快乐的心中。比如，在物质匮乏的时代，人们也许辛苦，但心态好的人会说："我很充实，我感觉快乐且满足。"生活中的困难与挑战在所难免，只有以乐观奋进的态度方可化解一切坎坷。

一位年轻企业家的公司破产了，他十分灰心，心中一片黯淡。烦闷之际，他走到一座古庙里。住持见他垂头丧气，问了缘由后，便指着树影的斑斑驳驳问道："年轻人，这是什么呀？"企业家毫不犹豫地说："暗影。"住持摇摇头说："你错了，那是阳光呀！"企业家顿悟。回去后又开始锲而不舍地努力了，后来他终于东山再起，成了所在行业的领袖。

像快乐这么简单的事，真的不想再多说什么了，只想强调一句，阳光与暗影同在，你心里有什么想法，你眼里就有什么风景。

8 相由心生，心慈则貌美

境由心造，接下来便是相由心生了。

有美好的心境，就有美丽的容颜，无论男人女人，都是。

整部《甄嬛传》看下来，有无数人无数次对着甄嬛那张脸说：你的脸丝毫没有改变。甄嬛当上太后，会了会皇后。皇后已经人老珠黄了，面对眼前这个依旧光鲜漂亮的女人，她忌恨地说："你真是一点儿也没改变，和本宫讨厌的样子都没有区别。"

我当时就想到早些年有个西方时尚教主说过类似的话：我宁愿70岁的时候被情敌从背后捅死。这位时尚教主没做到，咱们甄嬛做到了。呵呵，她的美貌让皇上爱不释手，让女人嫉妒得牙痒痒。当然，她的美貌和温太医专门为她配制的神仙玉女膏有关，和御膳房的美食、太医院的医术有关，但最重要的是和她的心有关。

心慈则貌美

咱们老祖宗传下来一句话叫"相由心生"，千古不衰，是因为真的就是这么回事，心灵的善恶直接决定容貌的美丑。

一个人的心思与作为，可以通过面部特征表现出来。宋初陈希夷也说："心者貌之根，审心而善恶自见；行者心之发，观行而祸福可知。"《四库全书》论述："未相人之相，先听人之声，未听人之声，先察人之行，未察人之行，先观人之心。"也都强调了"心"的好坏决定了人的面相美丑。这些话用来诠释甄嬛的美貌和好命再恰当不过了。甄嬛就是个心好的人，是个善良慈悲的人，她不急不躁不妒，心性好，拥有花容月貌是情理中的事。

有一个很典型的事例，印证的也是心慈貌美的道理，这是一位名画家与他所画的世界名画背后的故事。此画家一直为找不到让他画耶稣的合适模特儿而苦恼。有一天，画家终于看到一个相貌非常纯洁高尚的年轻人，就请他来做模特儿画耶稣，五年后，画家要画出卖耶稣的犹大，他在街上寻找了许久，终于找到一个合适的人选，于是请他到家里来做模特儿。画着画着，那个模特突然哭了起来，他说五年前画耶稣就是他做模特儿的。仅仅五年时间，他的心灵变坏了，相貌也变得让人憎恶。

心灵好，你就是"耶稣"，心灵坏，你就是"犹大"。你的长相，取决于你的心是好是坏，是明媚还是阴晦。

天真的人逆生长

一个人，尤其是女人，外表美不美，老不老，在很大程度上是由自己的心境决定的。前几日在美容论坛上看到一句话：女人过了 28 岁，脸上写的全是你的心。

其实，哪里需要等到 28 岁，这一规律从零岁就开始了，一个哭闹的娃娃肯定不如含笑的娃娃漂亮。相由心生，这在相学、心理学、科学等方面都能找到丰富的依据。心念即生，必然影响身体，比如愉快，心里舒畅，神清气爽，遇事便达观宽厚，便有助气血调和。气血调和，五脏得安，功能正常，身体康健，而此又反作用于心态。良性循环，自然满面光华，一团和气，双目炯炯，神采飞扬，让人看了眼前一亮。反之，若总是工于心计，或郁郁不舒，自然凡事另眼而观，无法如常人言笑，遇到点儿事就往不好的地方想，长久如此，气不舒，血不畅，营无养，卫无充，五脏不调，六神无主，如此身体状况，脸上青黄蜡瘦，暗淡无光，表情也常是蹙作一团，双目无神，半死不活，等等，让人一见就郁闷，起码不舒服，人缘自然也就差得远了。所以，身体发肤，既然受之父母，但这张脸让人看后是何感觉，还要发于己心。日久则生是相，并非相家妄论。

我一直认为，以年龄评价年轻与衰老是最低级的标准。为了验证这一观点，最近，我深入一家抗衰老中心潜心了解，有两位让我印象深刻的客人。一位是周女士，她是一家大型外贸公司的高级主管，深灰色的套装、干枯的短发、一双黑色粗跟皮鞋，浑身写满了憔悴和怨气。她还不到四十，却已像一个五十多岁、被生活抛弃了的"糟老太"。

另一位张女士则是一位画家，一个独自带着女儿的 46 岁的离婚女人。淡淡的笑加上淡蓝色的浅口皮鞋、淡淡的口红，看上去顶多有 35 岁。

两人的强烈反差勾起了我的好奇心。

周女士与我谈话期间，不停地抱怨。她说近来工作压力特别大，与先生也不知是哪里出了差错，多说几句就会吵起来。儿子也越来越难以管教，在学校打架闹事，回家却一声不吭。她万分沮丧，感觉生活像一团乱麻，搅得人疲惫不堪……

张女士则告诉我，十年前，刚与先生分开时，也过了一段消沉颓废的日子，天天把自己关在家里，恨先生负心，怜自己可悲。都说"四十不惑"，她却在年近四十时，被丈夫无情地抛弃。生活是否真的就是一出闹剧？！那接下来应该怎样继续？！那段时间，她深陷在灼痛与绝望的漩涡，任凭自己衣衫不整、颜面不清。仿佛一下子老了十多岁。

但时间是最好的疗伤剂，她决定彻底换个心态，好好补偿自己。逛街、会朋友、看电影、练瑜伽、带女儿四处旅游。几个月下来，她像换了一个人，比以前更精神、更漂亮，也更懂得爱惜自己和女儿。提起抛家弃子的前夫，居然也能心平气和了。"至少"我得感谢他给了我一个可爱的女儿，同时，也教会了我该如何用正确的心态去生存。我觉得现在的我和二十几岁时一样美好，我和女儿一起成长。她不无感慨地说。

你看，三十多岁的女人，可以有50岁的容颜。而四十多岁的女人，却可以看上去只有三十几岁。真正是快乐的人逆生长啊！仔细想想，你也能找到这样的逆生长案例。

所以，想拥有美貌，光靠动动手术，涂脂抹粉只能是权宜之计，归根结底还是要靠心灵的修为，心修好了，人就漂亮了。

9 失意时忍得住，得意时稳得住

甄嬛最牛的地方就是失意时忍得住，得意时稳得住。端着皇后扣的"屎盆子"也能笑得真灿烂，面对华妃下的"绊子"即使摔个大跟头也不僭越宫规，被皇上恩宠压顶时也能审慎谦和，真是厉害啊。她虽 16 岁入宫，但心理年龄远不止这些，比 36 岁的人都要老练。25 岁当上太后时起人生境界已练达、洞明到无解状态，举手投足、说话做事八风不动，不服都不行了。

你看她得意的时候，手底下的丫鬟都比她能嘚瑟，比她高兴，说话往往乱了分寸，而甄嬛呢享受归享受，但另一个维度如履薄冰，时刻提醒下人说话要注意。而失宠时，侍女都抱怨，她就不抱怨，有些活儿太监宫女都不干，她自己办，包括缝衣服劈柴这样的粗活儿，她都不嫌弃。唯有这样的人，才能成就大事，笑到最后。

而你我的人生境界之所以狼狈不堪，无外乎两点，一是一得意就忘形，稳不住，自己摔倒了，另一个就是一失意就失志，蔫了，颓废了。

你看《水浒传》里的宋江，因为功不成名不就，独自一人到江州酒楼借酒浇愁，结果酒醉兴起，居然题反诗于墙上，带来牢狱之灾。如果他善于自控，失意而不失形更不忘形，何来此难？

倒是丘吉尔的自控能力很值得人们借鉴。"二战"结束后不久，在一次大选中，丘吉尔落选了。对政治家来说，落选当然是很狼狈的事情，但他却爽朗一笑说："好，好极了！这说明我们胜利了！我们追求的就是民主，民主胜利了，难道不值得庆贺？"真佩服丘吉尔，失意时不仅没有失形、忘形，而且从容理智，只说了一句话，就成功地再现了极度豁达的政治家风范。

相对而言，失意时忍住不哭不失志还是比较好落实的，在控制力里，控制得意比控制失意的难度系数要高得多。在《甄嬛传》里，很多人摔死，就是因为被捧得太高了，得意的猫儿欢似虎，她们在行头上太张扬，引起别人的嫉妒，遭人暗算；或是忽略了潜伏的危机，忘记了自身的言行，引火烧身；或者在顺的时候，对自身发展的期望值太高了，一遇落差想不开了。

看过特洛伊战争"木马屠城记"故事的人，对这个道理会印象更深刻一些。特洛伊人与入侵的希腊联军作战，双方互有胜负，后来联军中有人献计，假装全部撤退，只留下一匹大木马，并将勇士藏在马腹内，其他的主力部队亦躲在附近。特洛伊人望见联军远去，于是在毫无防备的情况下将木马拖入城内，歌舞狂欢，饮酒作乐。就在他们正在睡梦中时，木马中的敌人纷纷跳出来，打开城门，里应外合，于是特洛伊灭亡了。

可见，人在顺境的时候，轻则埋下祸患的种子，重则直接让顺境演变为逆境，大好形势沦丧殆尽。

可是甄嬛控制得意的能力也是一流的。皇上把她捧得越高，她越是小心翼翼，越是低调。话说甄嬛在昌平的行宫第一次侍寝回到宫中后，皇上有赐予华妃独有的椒房之宠，正在风口浪尖，甄嬛感到危机。闺房里，她和闺蜜惠贵人在谈心。

甄嬛："皇上的宠爱是真的，丽嫔的为难是真的，以后后宫的妒恨也是真的。姐姐，你说我该怎么办啊？"

沈眉庄只说了一个字："忍。"

沈眉庄还告诉她："华妃独大，连皇后也不能动摇分毫，何况是我们这身份，你我是新宠，论家世和宠爱，都不足以撼动华妃分毫，与其以卵击石，不如静静等待。要等，就得忍得住。"

你看，甄嬛不仅善于从绝望中寻找希望，还善于从繁华中看到危机。这样的人，才是一等一的生活达人呢。我们应该向她学习，"后定有来者，前亦仿古人。时时省吾身，定位人上人。"你享的福不是持久福，你吃的苦不是极致苦，以此共勉。

10 失宠不失性，且听风吟

话说因为"木薯粉"事件皇上剥夺了华妃的协理六宫之权。华妃一度失宠，不招皇上待见，菀贵人便成为皇上心尖上独舞的可人儿。只不过好景不长，这种局面却因为年羹尧平定西北叛乱，还朝请安而被打破。皇上慑于年羹尧手里的军权，不得不专宠于华妃一人。

此等情势下，同是对皇上朝思暮想而醋意大发的嫔妃，她们各自的反应和应对之策是完全不同的。且看下面安陵容和甄嬛的对话：

安陵容："姐姐可真有情致，研究这百合香的制法，已有七八日了，竟也不倦。"

甄嬛："长夜寂寂，总要寻些事情来打发。"

安陵容："皇上也没来看姐姐吗？"

甄嬛："六日前来用过午膳，便再也没来过。"

安陵容："姐姐记得好清楚。我都已经记不得日子了。"（单从这点来看，甄嬛比安陵容对皇上用情更深，更失落。须知：真正爱一个人，等一个人，才会把日子计算得如此之清。）

甄嬛："秋来百花杀尽，唯有华妃一枝独秀。她乐她的，咱们且乐咱们的。"

……

好一个"她乐她的，咱们且乐咱们的。"您瞧瞧，同样是被情敌挫败，被皇上冷落，安陵容在寂寞中自卑，顾影自怜，怨天尤人，要么怨自个儿出身不好，拼不起爹，要么就恨皇上无情，再不就是怪时运不济，无大树可依。而甄嬛却理性地思考其中的玄机，认定"只要有年羹尧在，皇上便不会冷落华妃"，于是便兀自欢愉，自娱自乐。有人爱就你侬我侬好好爱，无人爱就且听风吟，且看花开，悠然自得。

这才是真正的"高人"。无论"沦落"到哪个山头，何种境地，甄嬛都能像黄鹂鸟一样快乐地为自己唱动听的歌儿，好好做自己的事。因为她知道，生活是自己的，身体和心灵都是自己的，善待自己才对得起生活。

总而言之一句话，她知道："耐得住寂寞，才能等得到繁华。"

可惜这样的淡定，大多数人都没有。现世的人们，情场上作为旧人哭只见新人笑时，职场上被老板冷落、不为上司所器重时，商场厮杀中你哭豺狼笑时，凡此种种，皆为"失宠"。每当此时，他们心中充溢着抱怨、嗔怨、疑虑之情，表面上尽是寂寞无聊、自暴自弃之举。这样的人，注定熬不到天亮，他们会在黎明到来之前，就自己把自己"掐"死了。

网友"真灿烂"的职场故事就很有代表性。

"真灿烂"先前是北京一家培训公司的讲师，她和甄嬛一样聪明伶俐，

比甄嬛学历还高，又吃苦耐劳，深得老总赏识，她的演讲也深得学生们喜欢。无论在老总那里，还是在同事眼里，抑或是在学生心里，她都是炙手可热的人物。就当时的发展态势，不出半年就有指望晋升为某片区主管。从老总每次和她谈话时赞许的言谈中，她也捕捉到了这样的信息。比如，办公室内，她是被老总召见次数最多的人，也是随老总出差出行次数最多的人，某些高层内部会议，老总也经常让她参加。这不是有意提拔，又是什么？

每每想起老总对自己的看重，想想自己这大好前途，她就心里跟喝了蜜一样，干劲十足。

可是"真灿烂"的美梦被一个新进女员工的加盟给彻底粉碎了。这个新进员工叫佳佳，貌似她根本不做什么具体工作，不行政，不讲课，不文员，却频繁出入于老总办公室，有好几次，"真灿烂"同学去找老总汇报工作，都被这个"第三者"给搅局。她话没说完，就被老总打断，转而夹着皮包和佳佳一起离开公司。

说实话，"真灿烂"对老总并无不良企图，可她还是像"失恋"一样难受，心里酸溜溜的，各种羡慕嫉妒恨一齐涌上心头。一开始她怀疑是不是自己工作做得不够到位，惹领导生气了。后来她怀疑是不是老总和这个漂亮的佳佳是亲戚。当这些被核实否定后，她开始怀疑佳佳和老总关系不正常。

随着疑心和嫉妒心的加重，自感"失宠"的"真灿烂"开始"失性"，也就是心性变了。她的言行也日趋不靠谱起来，从一开始的怠工到后来和同事说三道四，捕风捉影，造谣生事，她逢人就嘀咕那个佳佳肯定是老板的情人，还说得有鼻子有眼睛。说她前一日下班时看到老板带着佳佳回去，佳佳坐在副驾上，两人有说有笑的，那副驾可是老板娘的宝座啊。而老板的小姨子也在公司做出纳，这样的话通过小姨子的口又传到老板娘耳朵里。老板娘在家里撒泼，在单位发飙，大家的日子都不好过。

短短十来天的时间，她就从最优秀员工沦落为最差劲的员工，直至被公司辞退。

其实，她哪里知道，真实的情况是老板为了拓展公司的业务，和某保险合作一个新项目，需要一个优秀的公关人员来促成这项合作，而佳佳就是老总花了好大力气才从朋友的广告公司"挖"来的得力人才，当然要多善待人家一些。老总忙于业务，对"真灿烂"并不是有意冷落，也不是对她的工作不满。

可惜等"真灿烂"知晓这一切时，她已经失业了，成了"真悲催"。

其实，人生有得意就有失意，有高潮就有低谷，一时的失宠并不会让你失了前途，是你自己接下来的猜忌、多疑、消极、颓废、变态的心理负能量，也就是这些"失性"行为才能把你送进地狱。

所以，"失宠"不可怕，"失性"才可悲。人必自爱，才会吸引别人爱。人必自助，天才助之。若你失宠，若你失意，请君牢记。

11 不失个性，才有快意人生

宫里那么多女人，就数她活得滋润些了。她是叶澜依、宁贵人。她是宫里为数不多的性格烈女。

她不遗余力地保全自己的个性。她和皇上玩的是软罢工。我反抗不了你，你非要，那我就委身于你，但心里有谁，你管不着。你让我跪我就跪，你让我谢恩我就谢恩，但潦潦草草一点诚意都没有。你皇后召见我我也去，但纯属应付公事，糊弄一下子就闪人。

她是爱情世界里的一个小女子，她一生只爱一个人。她是现行世界里奋战在维权第一线的女标兵！

她无所顾忌，爱情第一；她活着，就是为了时不时能看到他，保护他。他死了，她也不苟活。

她无亲无故，不怕灭儿族。赤条条一个人，多潇洒。

皇后端给她一碗绝育汤药，她明知，但却像喝汽水一样喝下；反正我又不想和不爱的人生孩子，又无法嫁给我爱的人，绝就绝吧，那才好呢，谢谢成全。

这样一个没家世、烈性子的女子，皇上拿她没办法，皇后眼里不夹她。

反倒成全了她的快意。

她不用早请安，是宫里唯一放养的妃嫔。

每次她一出场，我就跟着鼓掌，看她飞扬跋扈的样子，快哉快哉。

人活一世，总要有点个性留给自己。

我认识一个女孩，和我同岁。她尽管三十多岁了，却有二十几岁的身材和容颜，高难度的瑜伽动作，个个能做到位，可我连最基本的拜日动作都完不成。她父母都是农民，标准的村里女娃娃，一个人在北京混，无房无车无人宠，当大家都在集体不幸福的时候，她却幸福得不得了。

原因在于她活得很个性。

她的父母也和别的父母一样，每年都催嫁，嫌她混得不风光。她说："您的孩子和别的孩子不一样，但您和其他的父母不也不一样吗？别人的父母都给孩子置办了很多家业，我并不苛求您，我不和别人拼爹，您也别和别人拼孩子，好不好？"哈哈，这和玉娆说服皇上同意她嫁给慎贝勒一个路子啊。

她一直走个性路线，自称最不靠谱大妞，从不按套路出牌。

她在初中是唯一一个不用守纪律放养的学生，因为她作文好，语文老师又恰任班主任，爱才爱到骨子里，就冒死给她请命。别人上九节课，她充其量就上七节课。

上班了，也是不走寻常路，她宁愿放弃月薪两万朝九晚五的高薪工作，赖在月薪五千的小企业做文案。就是因为她不看重金钱，而看重这个公司给她的自由度，给她的个性留有一定的空间，惯着她。在单位里她是唯一一个不用守规章制度的员工，上班时间她想睡觉就睡觉，想去公园就去公园，只要按时保质完成工作即可。

也许花最需要雨露的滋润，也许夜最需要月光的映衬，而生命最需要个性的成全，人最需要个性带来的快乐。个性得以保留，得以张扬，才有意义和幸福可言，否则，尽是奴颜婢膝讨好他人了，有何快乐？

上苍塑造了一个个不同的人，我们就应该有不同的性格。因为只有这样，世界才能够丰富多彩，人间才会充满不同的声音。

秦末的陈胜喊出了"王侯将相，宁有种乎？"他有自己的个性。出身低微，却不安于现状，敢于反抗，立志靠自己拯救自己的生命。他展示了自己的个性，虽败犹荣。我想，他是快乐的，因为他不同于身边与他一样的奴隶，他为命运而洒血拼争。文天祥、陆秀夫也是快乐的，他们的个性是一生都要为国效忠，宁可站着死，也不跪着生。在达成自己初衷的同时，他们也必然获得了悲壮但却快乐的人生。困境之中，孔子周游列国，传播自己的独特思想，他的不朽个性流芳千古，凝结在中华民族源远博大的文明之中。当川端康成载誉而归，在文学上收获颇丰的时候，他却结束了自己的生命，也许这会令许多人费解。但我以为，这悲剧的结尾中也许恰恰展现了他的个性，他一定是完成了自己的心愿，或许他就是要把生命定格在自己最大的快乐之中。泰戈尔在获得了诺贝尔文学奖的时候与孩子们在一起玩耍，这也是一种个性，他是快乐的，成就的鲜花丛中他选择了寻求轻松，也许正因为如此，他受到人们的尊重。大侠金庸，用个性书写了一个又一个英雄豪杰，想必他也是快乐的，快乐于他的侠骨柔情的个性……

个性不同，人生不同，一切似乎都可以说明：真正快乐的生命，必然得益于鲜明的个性。

然而，现实生活中，大部分人都是把别人当成自己，把自己当成别人。他们在盲目、狂热和浮华过后，往往求而不得的失落，失去了个性，哪里还谈得上真正的快乐？

当然，个性并不等于我想干什么就干什么，更不是与社会格格不入、背道而驰的怪癖，而是内在的、凝聚着个人修养和人格魅力的高尚品格。在需要从众、随大流之外，给自己的个性留有余地，保持真我的风采。

12 再不为自己而活，我们就老了

果郡王说："做人如果不能由着自己的心的话，还不如明月，到了十五，总还能圆一回。"

安陵容临死前说："这条命，这口气，我从来由不得自己，今日，终于可以由自己，做回主了。"

生活达人崔槿汐也说过这样的话。清凉寺里，下雨了，王爷在一遍遍地吹着《长相思》，表达对甄嬛的爱意。人非草木，孰能无情？甄嬛犹豫不决，左右为难。

槿汐想让小主幸福，便顺水推舟地劝她：

"娘子，过去的事情都已经过去了，娘子若这么自苦，那真是折磨了自己，又折磨了王爷，其实这些日子奴婢都看在眼里，王爷真的是个情深义重、可以托付一生的人，奴婢说句不该说的话，谁知道以后会是什么样呢，都是火烧眉毛，且顾眼下的。来日，谁知道来日会是什么样子，今日今时随了自己的心愿，让自己高兴了才是最好的。若是为了来日折磨了今日，那才是大大的不值啊。"

作为宫中的老人，舒太妃也是这个意思，她劝未来的儿媳妇：

"过去的就都过去了，大清开国以来，没听说过废妃再回去的，与其老死宫外，不如想法子过些自己想过的日子吧。人生百年，真正能顺心遂意的日子，又有多少？"

之所以把这些高见流水账般地罗列起来，是为了提炼这样的人生精华：人，应当随心而活，随梦而飞。

活着，首先要满足了自己的心意，否则，再长的生命也只是煎熬，再多的富贵也只是负累。

甄嬛是个成功的女人，但并不幸福。因为她走的路她做的事，都不是自己喜欢的。她根本就不想进宫，却偏偏被留了牌子。她"但求一心人，白首不相离"，却得了最不可能一心的男人。她讨厌和那群庸脂俗粉争斗，却为了生存不得不参与其中。她只想跟允礼远走高飞，可是为了腹中的胎儿和甄氏一族的性命，她只好迫不得已地回宫，和那个令她恶心的男人朝朝暮暮……

他们爱了一生，也误了一生，临终，她苦涩地说："尽管我心中的风一直吹向你，可我只能逆风而行。"他说："我一生最大的错就是那日在凌云峰接你回宫。"

可惜，人生是张单程票，一切都回不去了，一切都来不及了。

这样的苦，这样的遗憾，尽量不要，如不得已，那也尽量少一些，再少一些。

前些天，我在朋友的公司创意会上说："一个人来到世上，不是为了承担某种责任，而是享受轻松和快乐。轻松快乐地旅行、生活和工作，这些是于己于他人最大的责任。宇宙给了我们神奇的生命来体会这些，我们却因为自负辜负了它。"我觉得说得挺好，但是，当场遭到了他们的批判。那些人一致认为，人活着还是要为他人着想，不能光想着自己。

我当时并没有辩解。

但不辩解，并不意味着赞同，我依然觉得自己的话说得很好。不过从表面上来看，它与我们从小到大所受的教育是相背离的。我们已经习惯被教导要"奉献"，不管是为了国家社会奉献，还是为了家庭奉献。我们不自觉地要把自己摆在"伟大"的位置上，而不是"自私"的位置上。

事实上，如果每个人能把自己打理好，让自己过得快乐，按照自己内心的声音做出选择，这个社会看起来会比现在更好很多，更真实许多。

电视剧中总会有伟大的母亲，为了子女着想，不舍得吃不舍得穿，有病也隐瞒着不去治疗，这样舍己为人的做法最终会导致什么结果呢？要么是等到大病难医的地步，把之前省下的银子全部砸进去，要么就是凄惨早逝，留给子女长久的愧疚感。这样伟大的行为，最终到底令谁快乐了？

俗世舞台上，常上演着无数的年轻人为了对父母"履行孝道"，嫁给不爱的男人，或者娶了不爱的女人，成全了父母的所谓"快乐"，违背了自己的真实感受。可是你若这一刻勉强了自己，那在之后的时光里，你会发现终究无法勉强自己一辈子，在你婚姻破裂之时，你父母的伤痛会比你当初未婚时更胜数倍。

归根到底，当你自己快乐时，你身边的人才会快乐。如果你看得够长远的话，你会发现，没有人会因为一个人的牺牲而感到幸福快乐。只有快乐可以产生快乐，牺牲只能产生苦痛。

试试以自己的快乐为首要原则，是不是很难？不难。

曾子墨，服务于摩根士丹利期间，参与完成过大约 700 亿美元的并购

和融资项目，在别人眼中她笼罩着金领光环。这份光环还意味着，一周超过 100 小时的工作时，酒店和公司之间的两点一线，统统在酒店解决的一日三餐，几天几夜不能睡觉的挣扎，每天下午如约而至的剧烈头痛……

她说，我从小到大都遵循着最主流的观念：要做最好的学生，要有最好的职业，那时我才开始回过头来问，什么才是"好"？这种反思和厌倦没有让我纠结，反倒是轻松与释然。

辞职后的曾子墨加盟凤凰卫视。以前做投行的时候，接触的是企业管理者、政策制定者，一切都很光鲜。后来做新闻，会在新闻发生地去采访当事人，除了大城市，也会走到农村，走到贫困的地方去，记录一个转型时期的中国社会。

这份工作并不比原来做投行时轻松，但它改变了她的思维方式，让她的视角变得多元化，有新鲜感。

"不必牺牲自己的追求，去点亮别人眼中的光环。"她的感悟深刻。

试问我们自己，有没有因为哪些外在因素，而忽略掉自己内心的声音，在貌似伟大的牺牲奉献中，去努力塑造着别人眼中的自己的样子？你做过的那些没能以自己的快乐为第一优先考虑的选择中，有多少令别人快乐了？

如果没有，快点纠错吧，再不为自己而活，我们就老了。